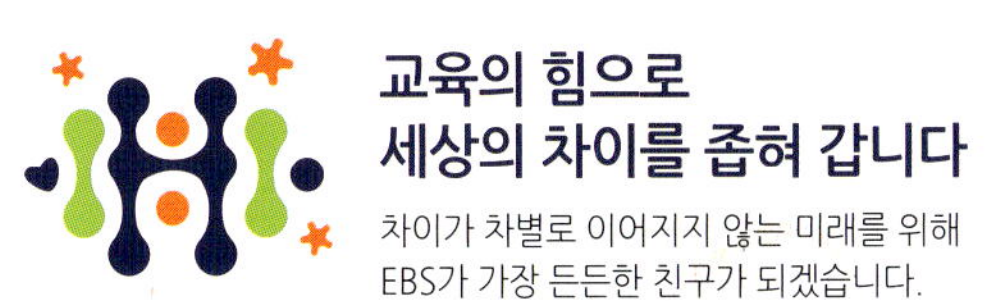

KB263175

수능특강 Q 미니모의고사

과학탐구영역 | 지구과학 Ⅰ

기획 및 개발

EBS 교재 개발팀

본 교재의 강의는 TV와 모바일 APP, EBS*i* 사이트(www.ebsi.co.kr)에서 무료로 제공됩니다.

발행일 2024. 10. 1. **1쇄 인쇄일** 2024. 9. 24. **신고번호** 제2017-000193호 **펴낸곳** 한국교육방송공사 경기도 고양시 일산동구 한류월드로 281
표지디자인 디자인싹 **편집** 글사랑 **인쇄** 동아출판㈜
인쇄 과정 중 잘못된 교재는 구입하신 곳에서 교환하여 드립니다. 신규 사업 및 교재 광고 문의 pub@ebs.co.kr

정답과 해설은 EBS*i* 사이트(www.ebsi.co.kr)에서 내려받으실 수 있습니다.

교재 내용 문의	**교재 정오표 공지**	**교재 정정 신청**
교재 및 강의 내용 문의는 EBS*i* 사이트(www.ebsi.co.kr)의 학습 Q&A 서비스를 활용하시기 바랍니다.	발행 이후 발견된 정오 사항을 EBS*i* 사이트 정오표 코너에서 알려 드립니다. **교재 ▶ 교재 자료실 ▶ 교재 정오표**	공지된 정오 내용 외에 발견된 정오 사항이 있다면 EBS*i* 사이트를 통해 알려 주세요. **교재 ▶ 교재 정정 신청**

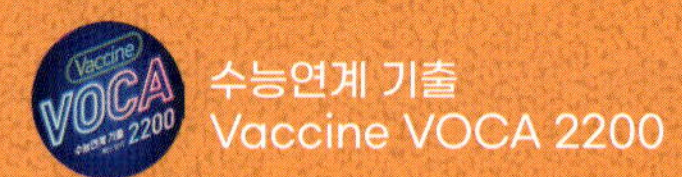

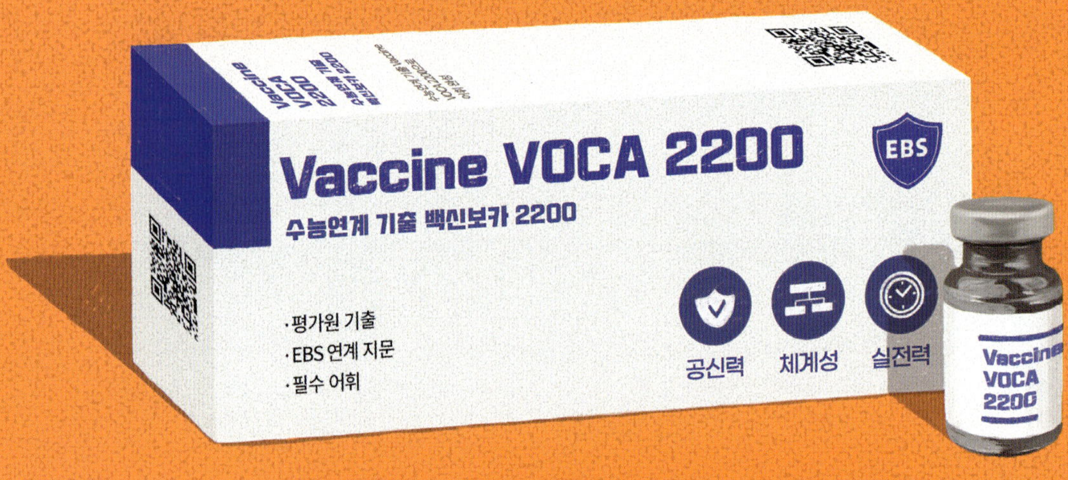

● 수능 영단어장의 끝판왕!
10개년 수능 빈출 어휘 + 7개년 연계교재 핵심 어휘

● 수능 적중 어휘 자동암기 3종 세트 제공
휴대용 포켓 단어장 / 표제어 & 예문 MP3 파일 / 수능형 어휘 문항 실전 테스트

휴대용 **포켓 단어장** 제공

수능특강 Q

미니모의고사

14회분 수록

과학탐구영역
지구과학 I

1 흔들리지 않는 수능 실전력 완성

2 역대 수능 연계교재 고퀄리티 문항 수록

이 책의 **구성과 특징**

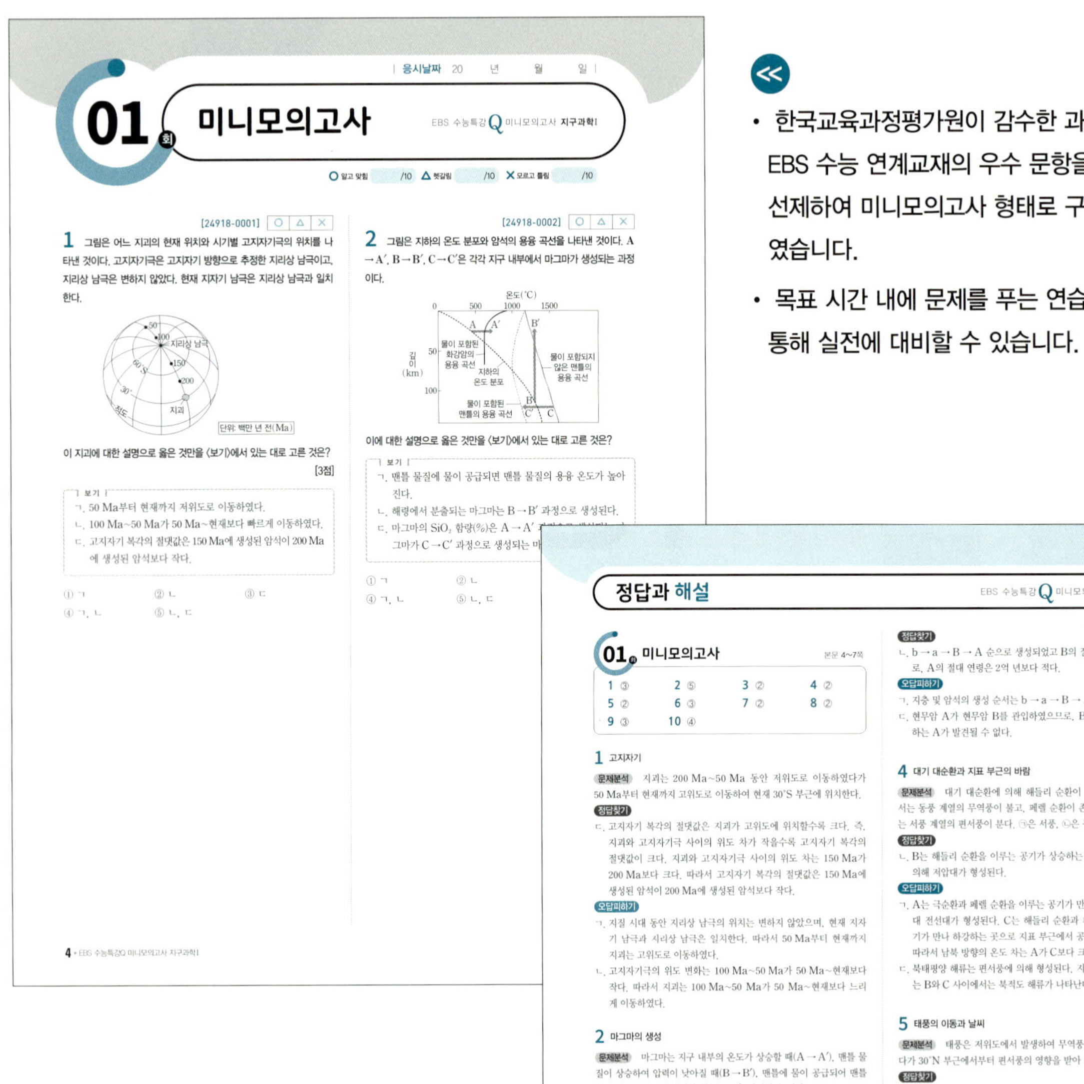

≪

- 한국교육과정평가원이 감수한 과년도 EBS 수능 연계교재의 우수 문항을 선제하여 미니모의고사 형태로 구성하였습니다.
- 목표 시간 내에 문제를 푸는 연습을 통해 실전에 대비할 수 있습니다.

≫

학습자 스스로 문제의 핵심을 파악할 수 있도록 명확한 해설을 제공합니다. 잘 풀리지 않는 문제는 해설을 통해 확실히 이해할 수 있습니다.

이 책의 **차례**

※ 미니모의고사 학습 계획을 세우고 매일 실천해 보세요!
※ 풀이 시간과 틀린 문항을 정리해 복습에 활용하세요!

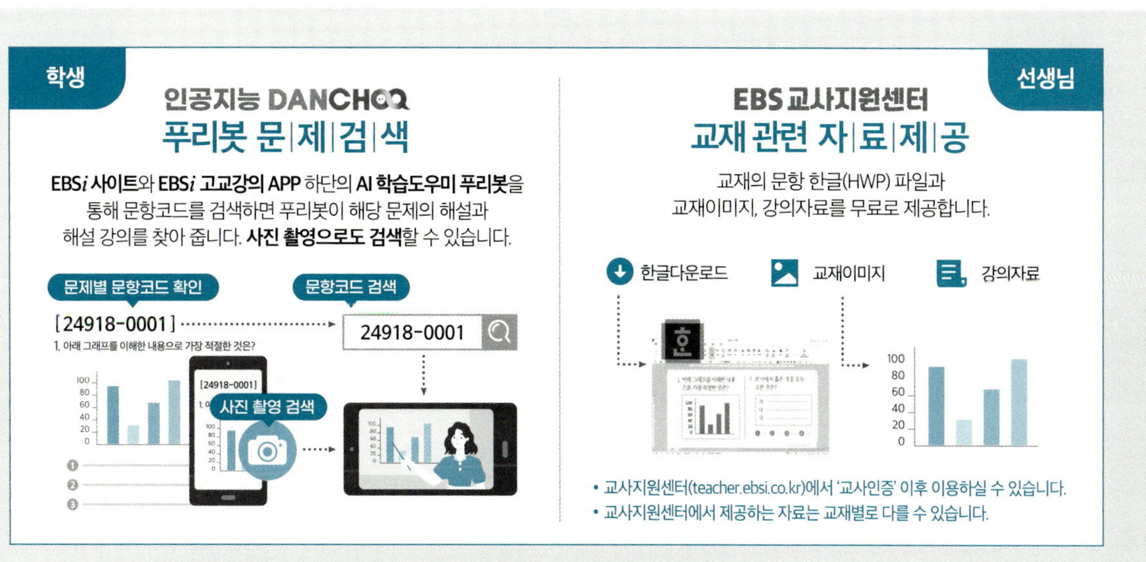

01회 미니모의고사

EBS 수능특강 **Q** 미니모의고사 **지구과학Ⅰ**

○ 알고 맞힘 　/10　△ 헷갈림 　/10　✕ 모르고 틀림 　/10

[24918-0001]　○ △ ✕

1 그림은 어느 지괴의 현재 위치와 시기별 고지자기극의 위치를 나타낸 것이다. 고지자기극은 고지자기 방향으로 추정한 지리상 남극이고, 지리상 남극은 변하지 않았다. 현재 지자기 남극은 지리상 남극과 일치한다.

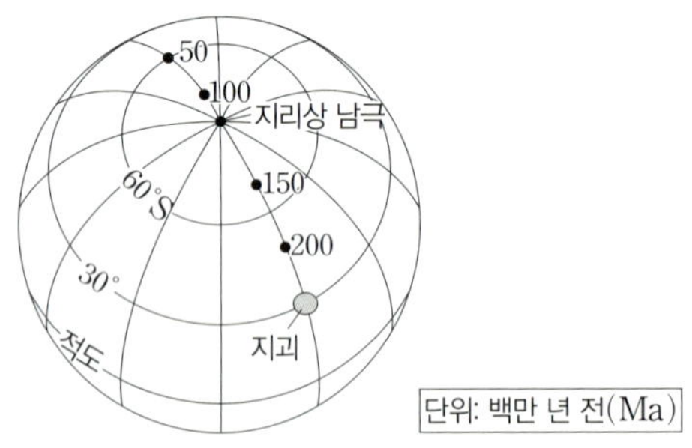

이 지괴에 대한 설명으로 옳은 것만을 〈보기〉에서 있는 대로 고른 것은? [3점]

보기
ㄱ. 50 Ma부터 현재까지 저위도로 이동하였다.
ㄴ. 100 Ma~50 Ma가 50 Ma~현재보다 빠르게 이동하였다.
ㄷ. 고지자기 복각의 절댓값은 150 Ma에 생성된 암석이 200 Ma에 생성된 암석보다 작다.

① ㄱ　　　　② ㄴ　　　　③ ㄷ
④ ㄱ, ㄴ　　　⑤ ㄴ, ㄷ

[24918-0002]　○ △ ✕

2 그림은 지하의 온도 분포와 암석의 용융 곡선을 나타낸 것이다. A→A′, B→B′, C→C′은 각각 지구 내부에서 마그마가 생성되는 과정이다.

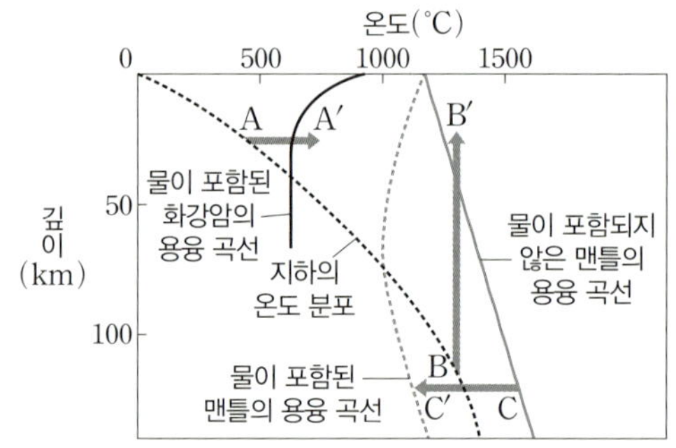

이에 대한 설명으로 옳은 것만을 〈보기〉에서 있는 대로 고른 것은?

보기
ㄱ. 맨틀 물질에 물이 공급되면 맨틀 물질의 용융 온도가 높아진다.
ㄴ. 해령에서 분출되는 마그마는 B→B′ 과정으로 생성된다.
ㄷ. 마그마의 SiO_2 함량(%)은 A→A′ 과정으로 생성되는 마그마가 C→C′ 과정으로 생성되는 마그마보다 높다.

① ㄱ　　　　② ㄴ　　　　③ ㄷ
④ ㄱ, ㄴ　　　⑤ ㄴ, ㄷ

---

3 [24918-0003] ○ △ ✕

그림 (가)는 어느 지역의 지질 단면을, (나)는 방사성 동위 원소 X의 붕괴 곡선을 나타낸 것이다. 현무암 B에 포함된 방사성 동위 원소 X의 함량은 생성 당시의 $\frac{1}{4}$이다.

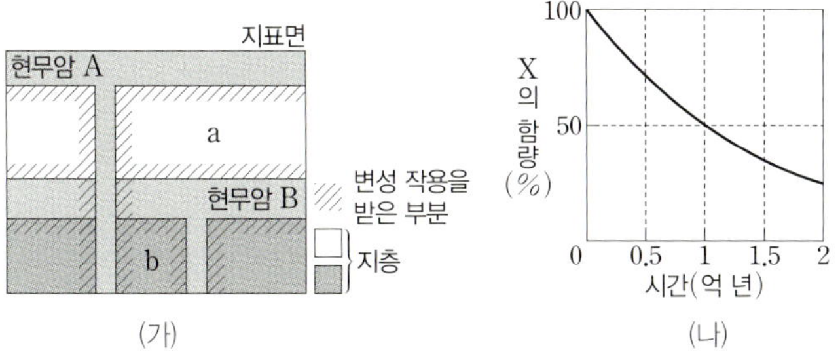

이에 대한 설명으로 옳은 것만을 〈보기〉에서 있는 대로 고른 것은?

┌─ 보기 ┌
ㄱ. 지층 및 암석의 생성 순서는 b → B → a → A이다.
ㄴ. A의 절대 연령은 2억 년보다 적다.
ㄷ. B에서 포획암으로 존재하는 A가 발견될 수 있다.

① ㄱ   ② ㄴ   ③ ㄷ
④ ㄱ, ㄴ   ⑤ ㄴ, ㄷ

4 [24918-0004] ○ △ ✕

그림은 최근 30년 동안 어느 계절에 지표 부근에서 부는 동서 방향 바람의 평균 풍속을 위도에 따라 나타낸 것이다. 바람은 대기 대순환에 의해 형성되었으며, ㉠과 ㉡은 각각 동풍과 서풍 중 하나이다.

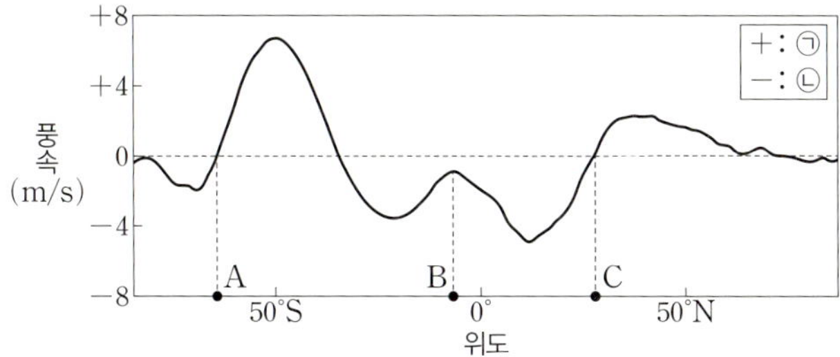

이 자료에 대한 설명으로 옳은 것만을 〈보기〉에서 있는 대로 고른 것은?

┌─ 보기 ┌
ㄱ. 남북 방향의 온도 차는 A가 C보다 작다.
ㄴ. B에서는 지표면 가열에 의해 저압대가 형성된다.
ㄷ. 북태평양 해류는 대체로 B와 C 사이에서 나타난다.

① ㄱ   ② ㄴ   ③ ㄱ, ㄷ
④ ㄴ, ㄷ   ⑤ ㄱ, ㄴ, ㄷ

5 [24918-0005] ○ △ ✕

그림 (가)는 어느 태풍의 이동 경로를, (나)는 이 태풍이 우리나라를 통과하는 동안 X 지역의 기상 변화를 일기 기호로 나타낸 것이다. 이 태풍은 19일 15시 이후 A 또는 B 중 한 방향으로 이동하였다.

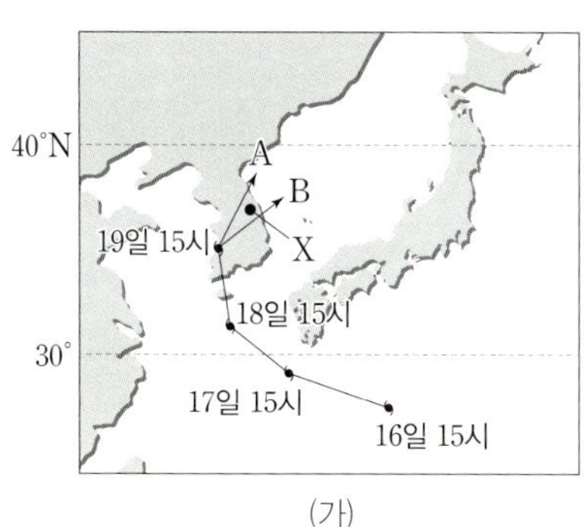

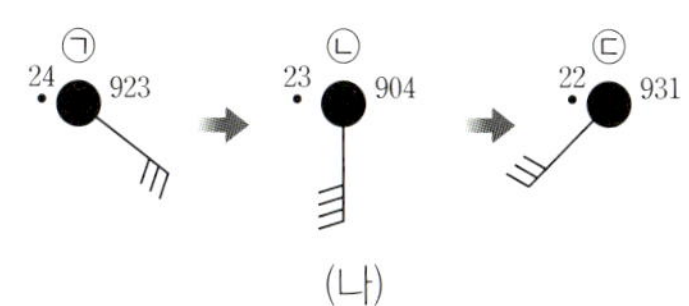

이에 대한 설명으로 옳은 것만을 〈보기〉에서 있는 대로 고른 것은? [3점]

┌─ 보기 ┌
ㄱ. 17일 0시에 태풍은 편서풍의 영향을 받는다.
ㄴ. 태풍의 실제 이동 경로는 B이다.
ㄷ. ㉠, ㉡, ㉢ 중 태풍의 중심이 X 지역에 가장 가깝게 위치할 때는 ㉡이다.

① ㄱ   ② ㄷ   ③ ㄱ, ㄴ
④ ㄴ, ㄷ   ⑤ ㄱ, ㄴ, ㄷ

6 [24918-0006]

그림 (가)는 대서양의 심층 순환을, (나)는 심층 순환을 형성하는 수괴를 수온 염분도에 나타낸 것이다. 수괴 ㉠, ㉡은 각각 북대서양 심층수와 남극 저층수 중 하나이다.

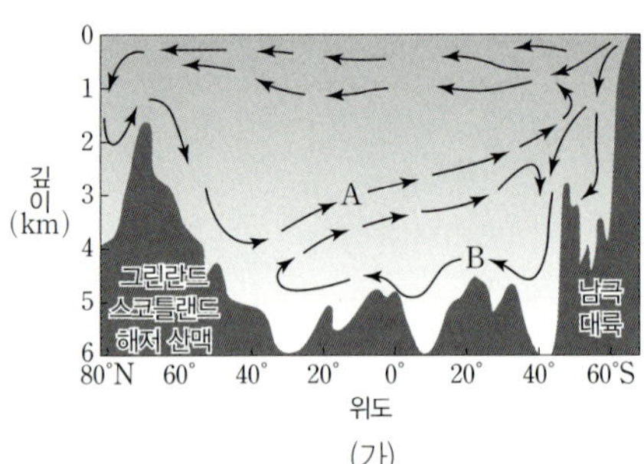

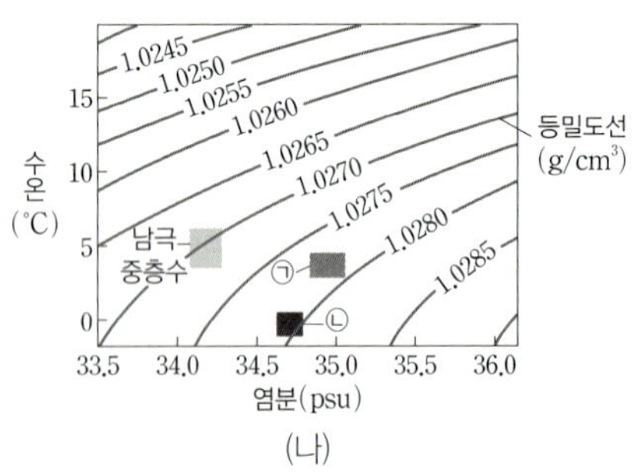

이에 대한 설명으로 옳은 것만을 〈보기〉에서 있는 대로 고른 것은? [3점]

> **보기**
> ㄱ. A 순환을 형성하는 수괴는 ㉠이다.
> ㄴ. 수괴 ㉡에 빙하 녹은 물을 섞으면 밀도가 감소한다.
> ㄷ. 수괴 ㉡이 수괴 ㉠보다 밀도가 큰 것은 수온보다 염분의 영향이 더 크다.

① ㄱ   ② ㄷ   ③ ㄱ, ㄴ
④ ㄴ, ㄷ   ⑤ ㄱ, ㄴ, ㄷ

7 [24918-0007]

그림 (가)는 현재 지구 자전축의 경사 방향과 지구 공전 궤도를, (나)는 5만 년 전~5만 년 후의 지구 공전 궤도 이심률 변화를 나타낸 것이다.

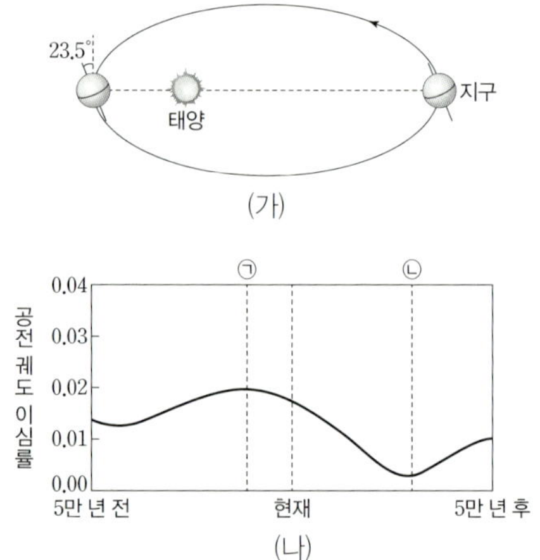

이에 대한 설명으로 옳은 것만을 〈보기〉에서 있는 대로 고른 것은? (단, 지구 공전 궤도 이심률 이외의 조건은 변하지 않는다고 가정한다.) [3점]

> **보기**
> ㄱ. (가)에서 지구가 근일점에 위치할 때 남반구는 겨울철이다.
> ㄴ. 우리나라의 여름철 기온은 ㉠ 시기가 현재보다 더 높다.
> ㄷ. 근일점과 원일점에서 지구로 입사되는 태양 복사 에너지양의 차는 ㉠ 시기가 ㉡ 시기보다 크다.

① ㄱ   ② ㄷ   ③ ㄱ, ㄴ
④ ㄴ, ㄷ   ⑤ ㄱ, ㄴ, ㄷ

[24918-0008] ○ △ ✕

8 그림은 주계열성 A와 B가 주계열 단계 이후 적색 거성 A′, B′으로 진화하는 경로를 나타낸 것이다.

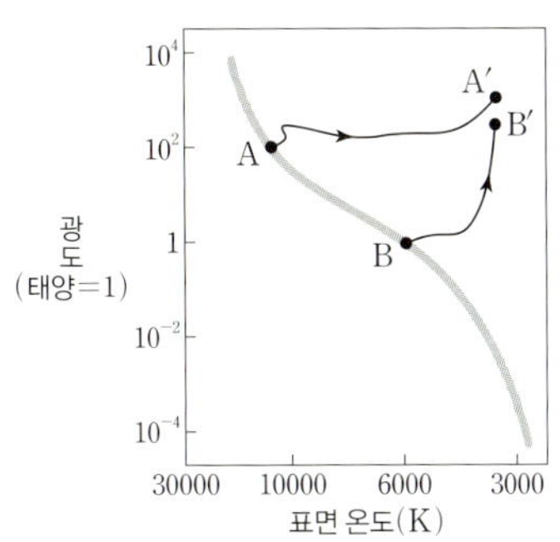

이에 대한 설명으로 옳은 것만을 〈보기〉에서 있는 대로 고른 것은?

┌ 보기 ┌
ㄱ. A가 A′으로 진화하는 데 걸리는 시간은 B가 B′으로 진화하는 데 걸리는 시간보다 길다.
ㄴ. 반지름은 A가 B보다 크다.
ㄷ. B′의 중심핵에서는 수소 핵융합 반응이 일어난다.

① ㄱ   ② ㄴ   ③ ㄱ, ㄷ
④ ㄴ, ㄷ   ⑤ ㄱ, ㄴ, ㄷ

[24918-0009] ○ △ ✕

9 그림은 어느 외계 행성계에서 두 행성 P와 Q에 의한 중심별의 밝기 변화를 나타낸 것이다. P와 Q는 모두 공전 궤도면이 시선 방향에 나란하다.

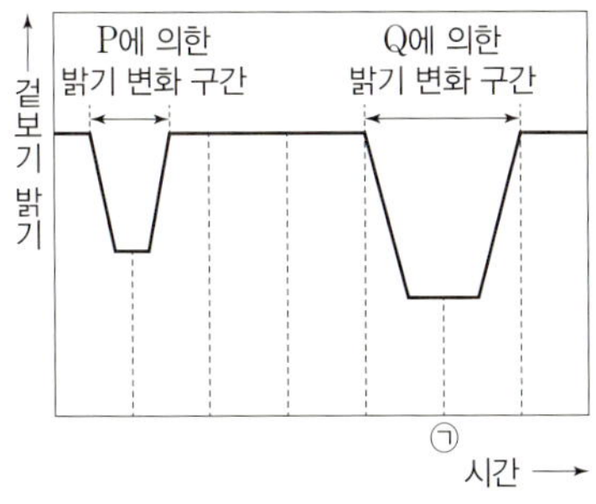

이에 대한 설명으로 옳은 것만을 〈보기〉에서 있는 대로 고른 것은? (단, P와 Q는 원 궤도로 공전한다.)

┌ 보기 ┌
ㄱ. 행성의 반지름은 P가 Q보다 작다.
ㄴ. 행성의 공전 속도는 P가 Q보다 빠르다.
ㄷ. ㉠일 때 중심별에서 흡수선의 편이가 최대가 된다.

① ㄱ   ② ㄷ   ③ ㄱ, ㄴ
④ ㄴ, ㄷ   ⑤ ㄱ, ㄴ, ㄷ

[24918-0010] ○ △ ✕

10 그림 (가)는 시간에 따른 물질과 암흑 에너지의 밀도 변화를, (나)는 현재 우주의 구성 요소 비율을 나타낸 것이다.

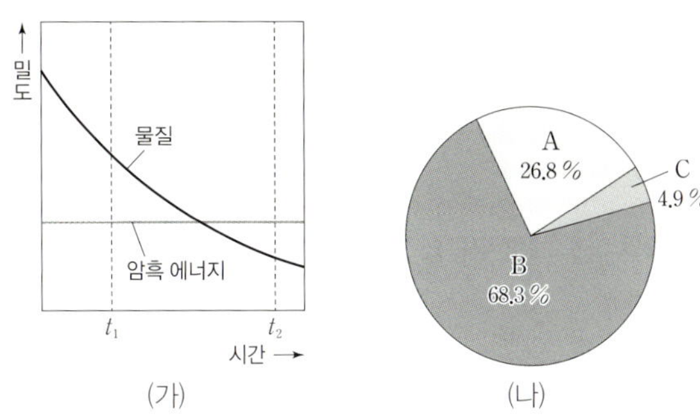

이에 대한 설명으로 옳은 것만을 〈보기〉에서 있는 대로 고른 것은? [3점]

┌ 보기 ┌
ㄱ. (가)에서 우주의 팽창 속도는 t_1에서 t_2로 갈수록 느려진다.
ㄴ. (나)에서 전자기파와 상호 작용하는 우주 구성 요소는 C이다.
ㄷ. 우주가 팽창할수록 $\dfrac{\text{B의 밀도}}{\text{A의 밀도}+\text{C의 밀도}}$ 는 증가한다.

① ㄱ   ② ㄷ   ③ ㄱ, ㄴ
④ ㄴ, ㄷ   ⑤ ㄱ, ㄴ, ㄷ

02 회 미니모의고사

EBS 수능특강 Q 미니모의고사 **지구과학 I**

○ 알고 맞힘 　/10　△ 헷갈림　/10　✕ 모르고 틀림　/10

[24918-0011] ○ △ ✕

1 그림은 어느 해령 부근의 고지자기 분포를 나타낸 것이다.

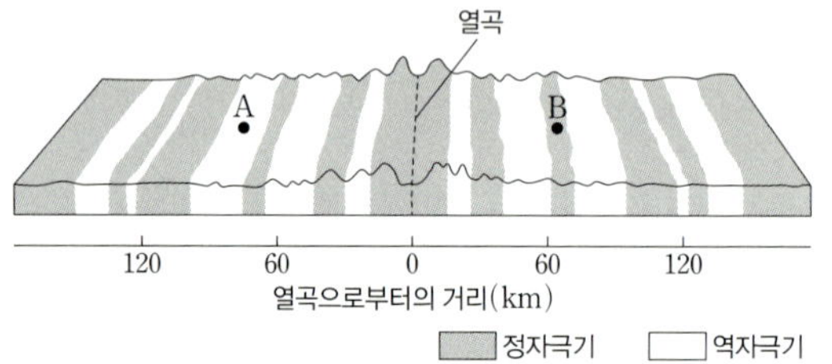

이에 대한 설명으로 옳은 것만을 〈보기〉에서 있는 대로 고른 것은? (단, 해양 지각의 확장 속도는 일정하다고 가정한다.)

> **보기**
> ㄱ. 해양 지각의 연령은 A 지점이 B 지점보다 많다.
> ㄴ. B 지점의 해양 지각이 생성될 당시 지구 자기장의 방향은 현재와 반대였다.
> ㄷ. 지구 자기장의 역전 현상은 일정한 주기로 일어났다.

① ㄱ　　　② ㄴ　　　③ ㄱ, ㄷ
④ ㄴ, ㄷ　　　⑤ ㄱ, ㄴ, ㄷ

[24918-0012] ○ △ ✕

2 그림은 화성암의 분류 기준에 따라 어느 섬록암, 안산암, 화성암 A와 B의 상대적인 위치를 나타낸 것이다.

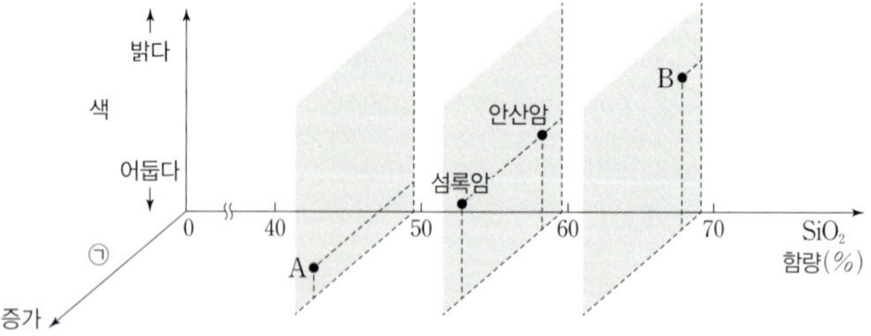

이에 대한 설명으로 옳은 것만을 〈보기〉에서 있는 대로 고른 것은? [3점]

> **보기**
> ㄱ. 어두운색 광물의 함량은 A가 안산암보다 많다.
> ㄴ. '광물 입자의 크기'는 ㉠에 들어갈 분류 기준으로 적절하다.
> ㄷ. 암석이 생성될 당시 마그마의 냉각 속도는 B가 섬록암보다 빨랐다.

① ㄱ　　　② ㄷ　　　③ ㄱ, ㄴ
④ ㄴ, ㄷ　　　⑤ ㄱ, ㄴ, ㄷ

[24918-0013] ○ △ ✕

3 그림은 현생 누대 동안 생물 과의 멸종 비율을 나타낸 것이다.

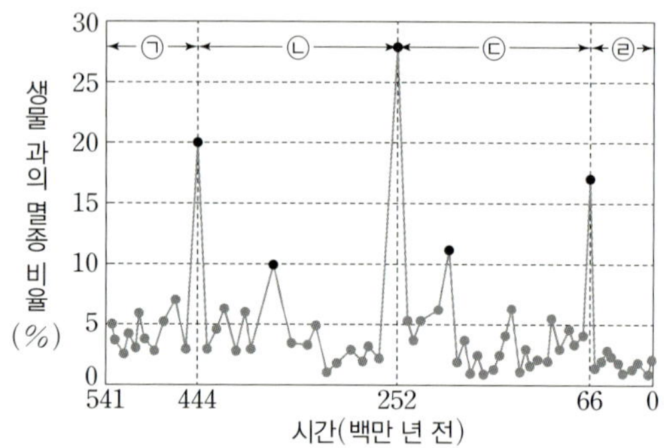

이에 대한 설명으로 옳은 것만을 〈보기〉에서 있는 대로 고른 것은?

> **보기**
> ㄱ. ㉠과 ㉡은 고생대에 포함된다.
> ㄴ. ㉡과 ㉢의 경계 시기에 암모나이트가 멸종했다.
> ㄷ. 최초의 포유류가 출현한 시기는 ㉣에 포함된다.

① ㄱ　　　② ㄴ　　　③ ㄱ, ㄷ
④ ㄴ, ㄷ　　　⑤ ㄱ, ㄴ, ㄷ

---

4 그림 (가)는 어느 날 온대 저기압이 우리나라를 지나는 18시부터 21시까지 전선 주변에서 발생한 번개의 분포를 1시간 간격으로 나타낸 것이고, (나)는 이날 21시에 시간당 강수량 분포를 기상 레이더 영상으로 나타낸 것이다.

[24918-0014]

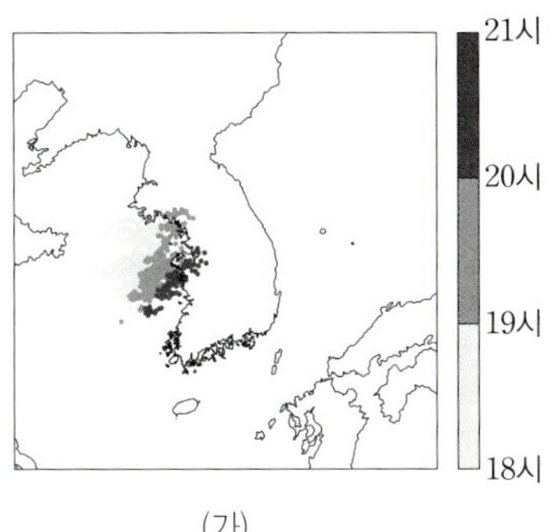

(가)

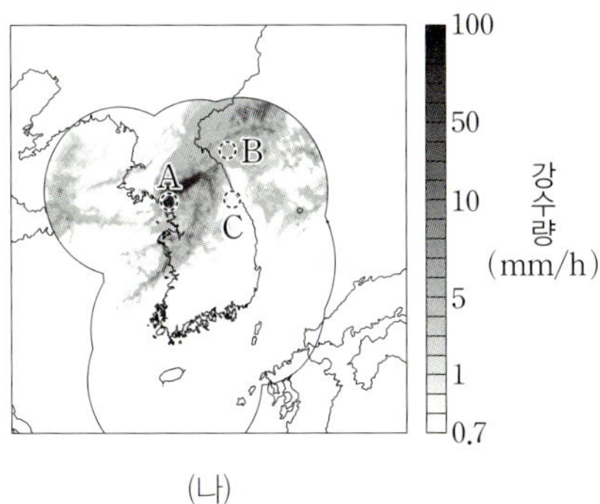

(나)

이날 21시에 대한 설명으로 옳은 것만을 〈보기〉에서 있는 대로 고른 것은? [3점]

보기
ㄱ. 구름의 두께는 A 지점보다 B 지점에서 두껍다.
ㄴ. 강수량은 A 지점보다 C 지점이 많다.
ㄷ. C 지점에서는 남풍 계열의 바람이 우세하다.

① ㄱ
② ㄷ
③ ㄱ, ㄴ
④ ㄴ, ㄷ
⑤ ㄱ, ㄴ, ㄷ

---

5 그림 (가)와 (나)는 우리나라 동해에서 측정한 수온과 염분의 평균값을 깊이에 따라 나타낸 것이다. A와 B는 각각 2월과 8월 중 하나이다.

[24918-0015]

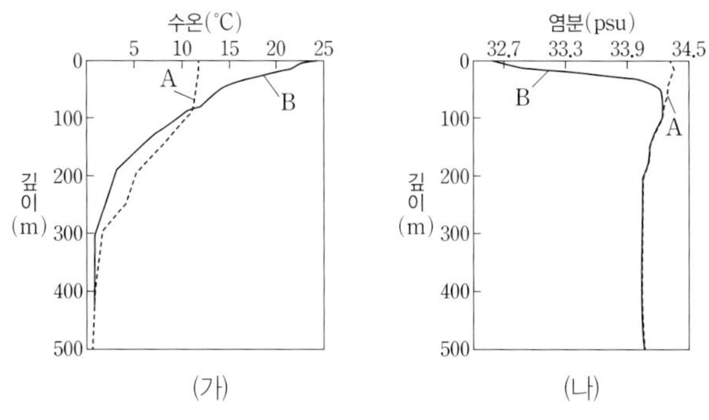

(가)   (나)

이에 대한 설명으로 옳은 것만을 〈보기〉에서 있는 대로 고른 것은?

보기
ㄱ. A는 8월의 자료이다.
ㄴ. 수온 약층이 시작되는 깊이는 A가 B보다 깊다.
ㄷ. 8월에 수심 0~100 m 구간에서 밀도는 깊이가 깊어질수록 대체로 감소한다.

① ㄱ
② ㄴ
③ ㄱ, ㄷ
④ ㄴ, ㄷ
⑤ ㄱ, ㄴ, ㄷ

---

6 그림은 1950년부터 2018년까지 동태평양 적도 부근 해역의 표층 수온 편차(관측값−평년값)를 나타낸 것이다. A, B, C는 각각 엘니뇨와 라니냐 시기 중 하나이다.

[24918-0016]

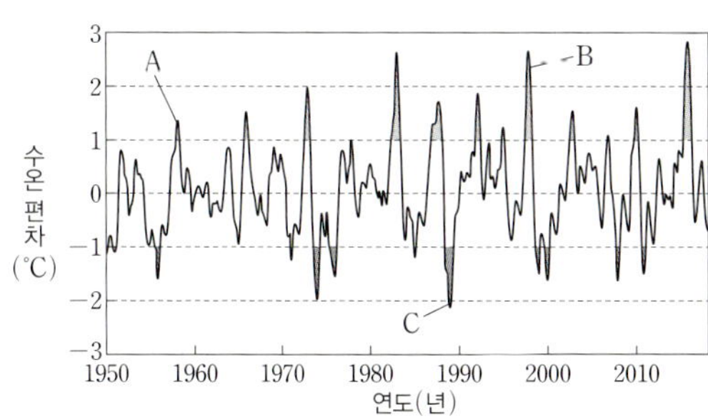

A, B, C 시기에 대한 설명으로 옳은 것만을 〈보기〉에서 있는 대로 고른 것은?

보기
ㄱ. 무역풍의 세기는 A일 때가 B일 때보다 강하다.
ㄴ. 동태평양 적도 부근 해역에서 구름의 양은 B일 때가 C일 때보다 많다.
ㄷ. 동태평양의 표층 해수에서 영양염이 가장 많은 시기는 B이다.

① ㄱ
② ㄷ
③ ㄱ, ㄴ
④ ㄴ, ㄷ
⑤ ㄱ, ㄴ, ㄷ

7 그림 (가)는 우리나라의 과거 30년(1912년~1941년: A 기간), 지난 30년(1981년~2010년: B 기간), 최근 30년(1991년~2020년: C 기간) 동안의 계절 길이를, (나)는 미래 온실 기체 배출량을 고려한 두 가지 시나리오에 따라 예상되는 한반도의 기온 편차(예상값−현재값)를 나타낸 것이다. ㉠과 ㉡은 각각 고농도 배출 시나리오와 최소 배출 시나리오 중 하나이다.

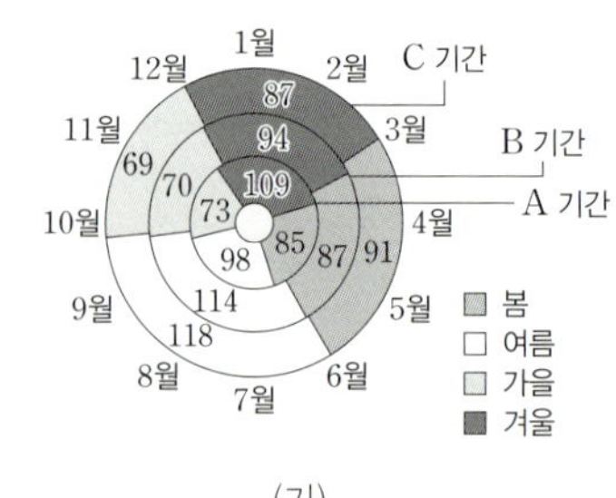

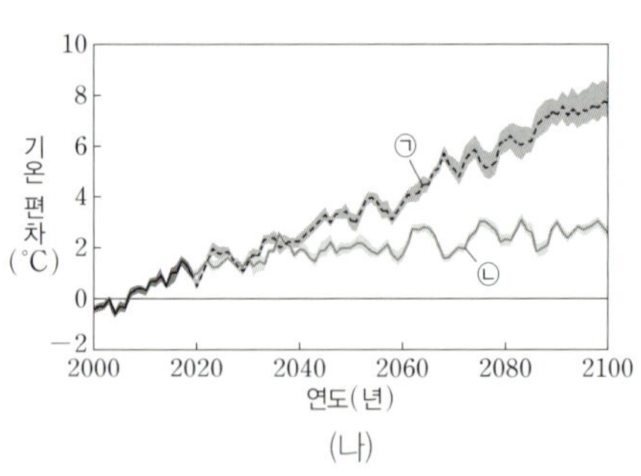

(가)

(나)

이에 대한 설명으로 옳은 것만을 〈보기〉에서 있는 대로 고른 것은? [3점]

보기
ㄱ. ㉠은 고농도 배출 시나리오이다.
ㄴ. 최근 30년 동안은 과거 30년 동안에 비해 평균 기온이 높다.
ㄷ. 온실 기체가 지속적으로 배출된다면 우리나라의 겨울 일수는 대체로 감소할 것이다.

① ㄱ   ② ㄷ   ③ ㄱ, ㄴ
④ ㄴ, ㄷ   ⑤ ㄱ, ㄴ, ㄷ

8 그림 (가)는 어느 수소 핵융합 반응을, (나)는 p−p 반응과 CNO 순환 반응에서 중심 온도에 따른 에너지 생성률을 A, B로 순서 없이 나타낸 것이다.

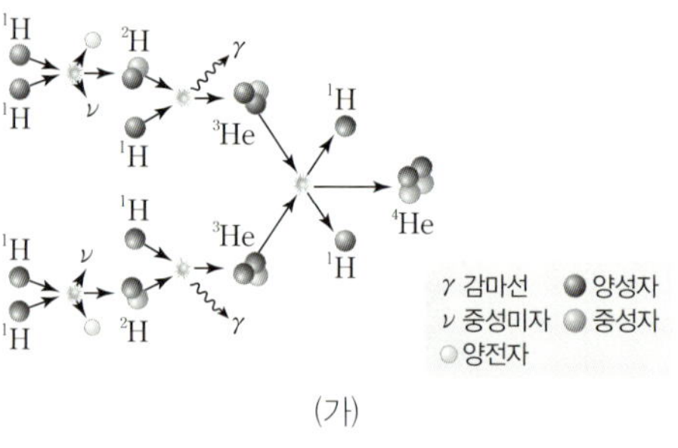

(가)

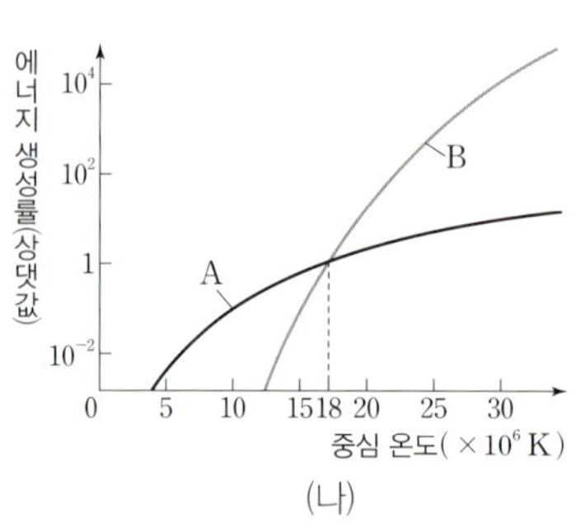

(나)

이에 대한 설명으로 옳은 것만을 〈보기〉에서 있는 대로 고른 것은? (단, 태양의 중심부 온도는 약 1500만 K이다.) [3점]

보기
ㄱ. (가)는 p−p 반응이다.
ㄴ. 현재 태양에서는 A보다 B가 더 우세하게 일어난다.
ㄷ. (나)에서 (가)에 해당하는 것은 B이다.

① ㄱ   ② ㄴ   ③ ㄱ, ㄷ
④ ㄴ, ㄷ   ⑤ ㄱ, ㄴ, ㄷ

[24918-0019] ○ △ ✕

9 그림은 서로 다른 외계 행성계 (가), (나), (다)에서 발견된 중심별의 분광형과 행성의 단위 면적에 단위 시간 동안 입사되는 중심별의 에너지양을 나타낸 것이다. (가), (나), (다)의 중심별은 모두 주계열성이고, 1개의 행성을 갖고 있다.

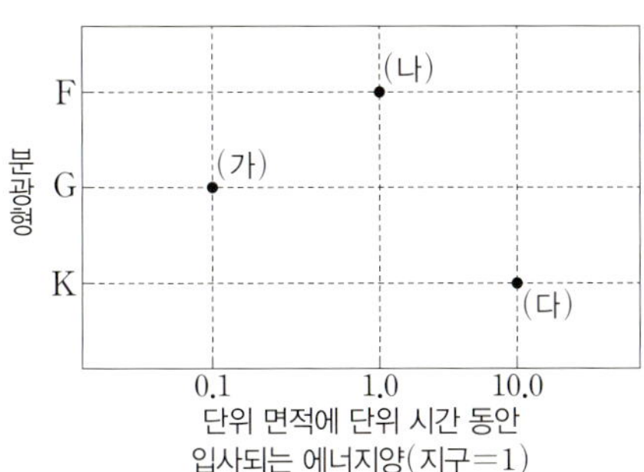

(가), (나), (다)에 대한 설명으로 옳은 것만을 〈보기〉에서 있는 대로 고른 것은?

┌─ 보기 ┌
ㄱ. 중심별의 표면 온도는 (나)＞(가)＞(다)이다.
ㄴ. 행성의 공전 궤도 반지름은 (가)보다 (다)가 작다.
ㄷ. 행성 표면에 액체 상태의 물이 존재할 가능성은 (다)보다 (나)가 크다.

① ㄱ ② ㄷ ③ ㄱ, ㄴ
④ ㄴ, ㄷ ⑤ ㄱ, ㄴ, ㄷ

[24918-0020] ○ △ ✕

10 그림은 20억 년 전에 은하 A에서 출발한 파장 λ_0인 빛이 현재 지구에 도달하는 모습을 나타낸 모식도이다. 빛이 이동하는 동안 빛의 파장은 $\lambda_0 \rightarrow \lambda_1 \rightarrow \lambda_2$로 변하였고, 우주는 가속 팽창하였다.

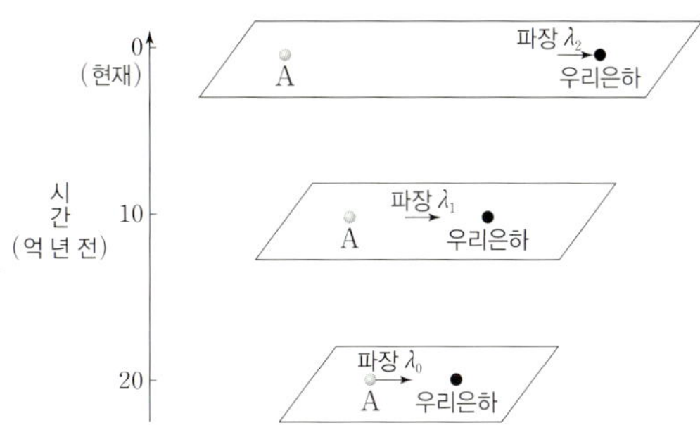

이에 대한 설명으로 옳은 것만을 〈보기〉에서 있는 대로 고른 것은? [3점]

┌─ 보기 ┌
ㄱ. 우주 구성 요소 중 암흑 에너지가 차지하는 비율은 10억 년 전보다 20억 년 전에 크다.
ㄴ. 현재 우리은하와 A 사이의 거리는 20억 광년보다 크다.
ㄷ. $(\lambda_1 - \lambda_0)$은 $(\lambda_2 - \lambda_1)$보다 크다.

① ㄱ ② ㄴ ③ ㄱ, ㄴ
④ ㄱ, ㄷ ⑤ ㄴ, ㄷ

03회 미니모의고사

EBS 수능특강 Q 미니모의고사 **지구과학I**

○ 알고 맞힘 /10   △ 헷갈림 /10   ✕ 모르고 틀림 /10

[24918-0021] ○ △ ✕

1 그림 (가)는 서로 다른 판 ㉠, ㉡, ㉢의 경계를, (나)는 (가)의 세 지역에서 섭입하는 판의 깊이를 나타낸 것이다. ㉠, ㉡, ㉢ 중 어느 하나의 판만 대륙판이다.

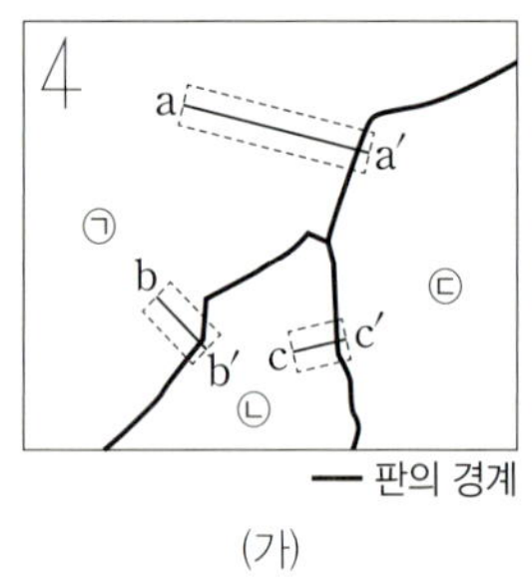

(가)

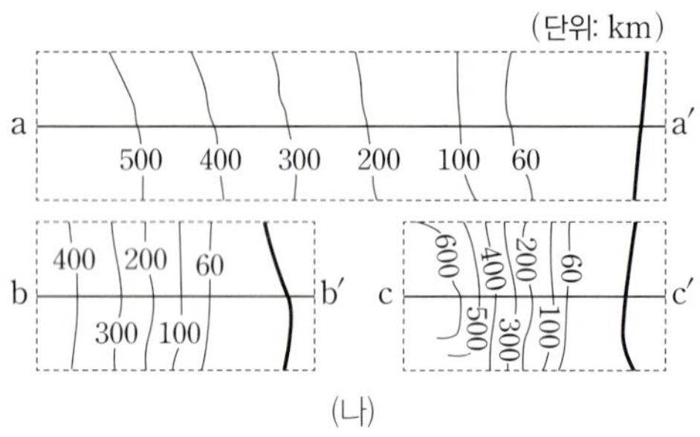

(나)

이에 대한 설명으로 옳은 것만을 〈보기〉에서 있는 대로 고른 것은? [3점]

┌ 보기 ┐
ㄱ. ㉠은 대륙판이다.
ㄴ. ㉡에서 지진은 판의 서쪽보다 동쪽에서 많이 발생한다.
ㄷ. 섭입하는 판의 기울기는 a–a′ 구간이 c–c′ 구간보다 크다.

① ㄱ   ② ㄷ   ③ ㄱ, ㄴ
④ ㄴ, ㄷ   ⑤ ㄱ, ㄴ, ㄷ

[24918-0022] ○ △ ✕

2 그림은 마그마가 생성되는 장소 A, B, C를 나타낸 것이다.

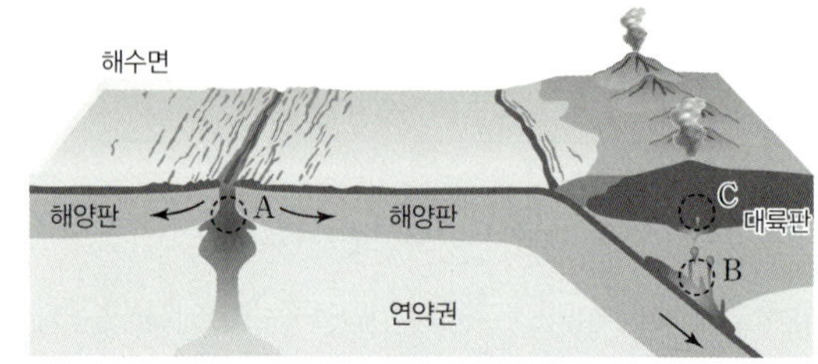

이에 대한 설명으로 옳은 것만을 〈보기〉에서 있는 대로 고른 것은?

┌ 보기 ┐
ㄱ. A에서는 압력 감소에 의해 마그마가 생성된다.
ㄴ. B에서는 주로 현무암질 마그마가 생성된다.
ㄷ. C에서 생성되는 마그마는 B에서 생성되는 마그마보다 SiO_2 평균 함량(%)이 높다.

① ㄱ   ② ㄴ   ③ ㄱ, ㄷ
④ ㄴ, ㄷ   ⑤ ㄱ, ㄴ, ㄷ

[24918-0023] ○ △ ✕

3 그림 (가)는 생물 A~E의 생존 기간을, (나)는 어느 지층에서 산출되는 화석을 나타낸 것이다.

지질 시대	생물의 생존 기간				
	A	B	C	D	E
쥐라기					
트라이아스기	↑	↕	↑		↑
페름기	↓				
석탄기	↓		↓	↕	
데본기					↓

(가)

산출되는 화석
A, B, C, E

(나)

이에 대한 해석으로 옳은 것만을 〈보기〉에서 있는 대로 고른 것은?

┌ 보기 ┐
ㄱ. 생존 기간만을 고려할 때 A~E 중 표준 화석으로 가장 적합한 것은 B이다.
ㄴ. C가 생존하던 기간 중에 포유류가 출현했다.
ㄷ. (나)의 지층이 퇴적되던 시기에 삼엽충이 생존했다.

① ㄱ   ② ㄷ   ③ ㄱ, ㄴ
④ ㄴ, ㄷ   ⑤ ㄱ, ㄴ, ㄷ

4 [24918-0024] ○ △ ✕

그림은 어느 전선이 우리나라를 통과하는 동안 우리나라의 어느 지역에서 관측한 기온, 기압, 풍향을 나타낸 것이다. A와 B는 각각 기온과 기압 중 하나이다.

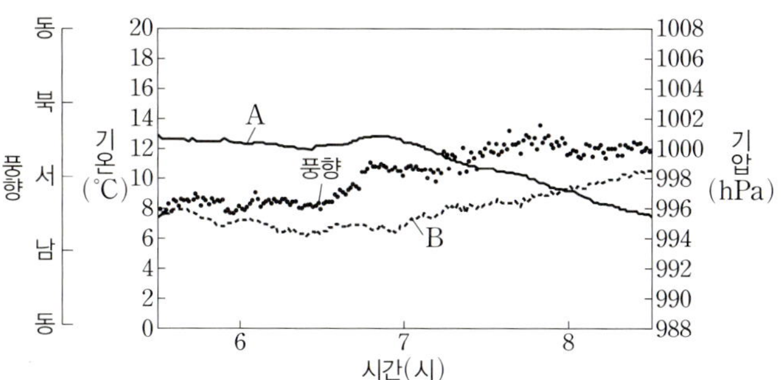

이에 대한 설명으로 옳은 것만을 〈보기〉에서 있는 대로 고른 것은?

보기

ㄱ. 관측 기간 동안 통과한 전선은 한랭 전선이다.
ㄴ. A는 기온, B는 기압이다.
ㄷ. 이 기간 동안 이 지역에서의 풍향은 시계 방향으로 변하였다.

① ㄱ ② ㄷ ③ ㄱ, ㄴ
④ ㄴ, ㄷ ⑤ ㄱ, ㄴ, ㄷ

5 [24918-0025] ○ △ ✕

그림은 북반구 해양의 표층 수온 분포를 나타낸 것이다.

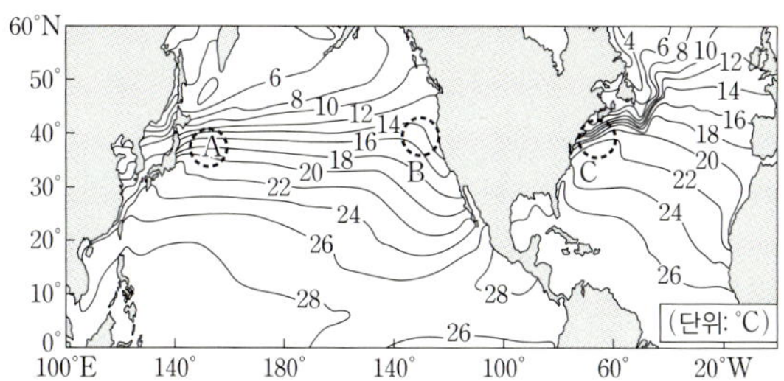

이에 대한 설명으로 옳은 것만을 〈보기〉에서 있는 대로 고른 것은?

보기

ㄱ. 30°N 부근에서 표층 수온은 대양의 서쪽이 동쪽보다 대체로 높다.
ㄴ. A 해역은 B 해역보다 위도에 따른 수온 변화가 크다.
ㄷ. 표층 용존 산소량은 B 해역이 C 해역보다 많다.

① ㄱ ② ㄴ ③ ㄱ, ㄷ
④ ㄴ, ㄷ ⑤ ㄱ, ㄴ, ㄷ

6 [24918-0026] ○ △ ✕

다음은 극지방의 빙하가 녹았을 때 심층 순환에 미치는 영향을 알아보기 위한 실험이다.

[실험 과정]

(가) 염분이 35 psu인 소금물 300 g을 만든 후, ㉠ 소금물 100 g을 비커 A에 담는다.

(나) (가)의 나머지 소금물을 냉동실에 넣고 절반 정도 얼었을 때, 꺼내어 얼지 않은 소금물은 버리고 남은 얼음을 녹인 후, 녹인 물 100 g을 비커 B에 담는다.

(다) 비커 A와 B에 서로 다른 색깔의 잉크를 넣고 10 ℃로 온도가 같게 만든다.

(라) 수조에 20 ℃의 수돗물을 채운 후 바닥에 구멍을 뚫은 종이컵 2개를 수조 양쪽에 매달아 각 종이컵에 (다)의 비커 A와 B의 물을 각각 동시에 부으면서 물의 이동을 관찰한다.

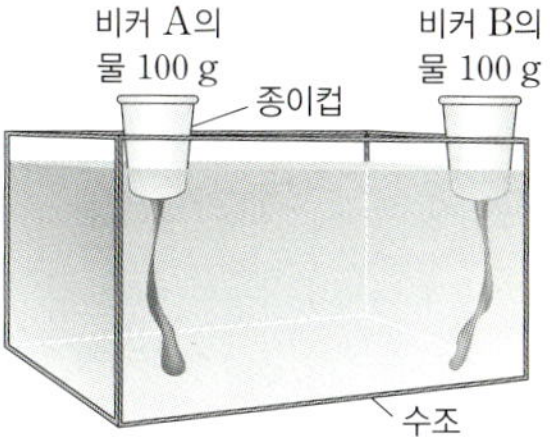

[실험 결과]

• (라)의 과정에서 (㉡)

이에 대한 설명으로 옳은 것만을 〈보기〉에서 있는 대로 고른 것은? [3점]

보기

ㄱ. ㉠에는 소금 3.5 g이 녹아 있다.
ㄴ. '비커 A의 물이 비커 B의 물 아래로 흐른다.'는 ㉡에 해당한다.
ㄷ. 극지방의 빙하가 녹으면 해수의 심층 순환이 강해질 것이다.

① ㄱ ② ㄷ ③ ㄱ, ㄴ
④ ㄴ, ㄷ ⑤ ㄱ, ㄴ, ㄷ

[24918-0027] ○ △ ✕

7 그림 (가)는 남방 진동을 관측하기 위한 관측소 A, B와 엘니뇨 감시 구역 C의 위치를, (나)는 어느 해(Y)부터 5년 동안 관측한 태평양 적도 부근 해역($2°N\sim2°S$)의 동서 방향 풍속 편차를 나타낸 것이다. (나)에서 ㉠과 ㉡은 각각 엘니뇨와 라니냐 시기 중 하나이고, 동쪽으로 향하는 바람을 양(+)으로 한다. 편차는 (관측값−평년값)이다.

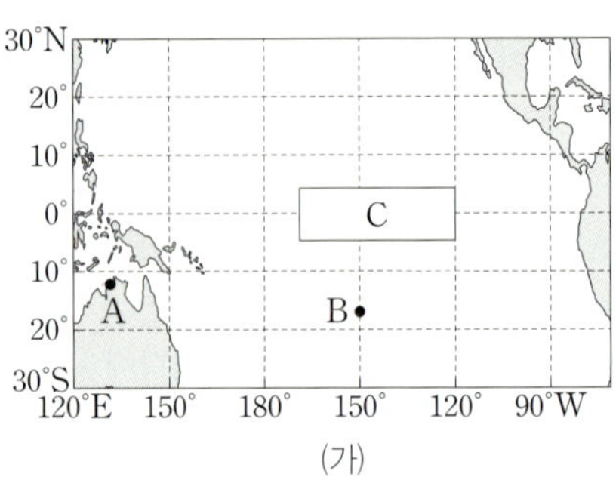

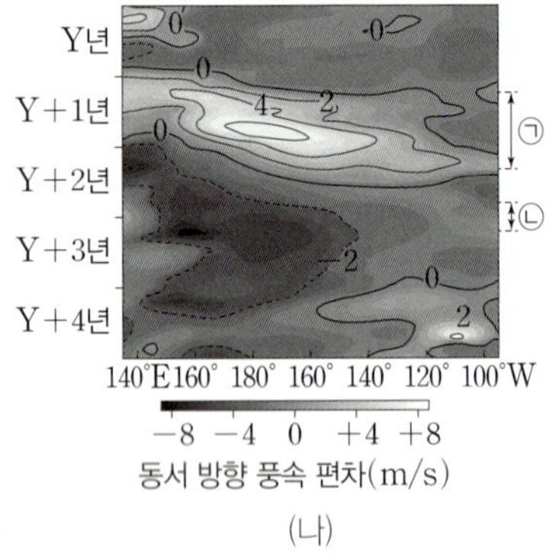

이에 대한 설명으로 옳은 것만을 〈보기〉에서 있는 대로 고른 것은? (단, 남방 진동 지수는 $\dfrac{\text{B의 해면 기압 편차}-\text{A의 해면 기압 편차}}{\text{표준 편차}}$ 이다.) [3점]

┌ 보기 ┐
ㄱ. 남방 진동 지수는 ㉠ 시기가 ㉡ 시기보다 작다.
ㄴ. C에서 수온 약층이 나타나기 시작하는 깊이는 ㉠ 시기가 ㉡ 시기보다 얕다.
ㄷ. ㉠ 시기에 동태평양 적도 부근 해역의 해수면에 도달하는 태양 복사 에너지양 편차는 양(+)의 값이다.

① ㄱ   ② ㄷ   ③ ㄱ, ㄴ
④ ㄴ, ㄷ   ⑤ ㄱ, ㄴ, ㄷ

[24918-0028] ○ △ ✕

8 그림은 태양과 별 ㉠, ㉡, ㉢의 물리량을 나타낸 것이다. λ_{max}는 최대 복사 에너지를 방출하는 파장이고, ㉠, ㉡, ㉢ 중 주계열성은 1개이다.

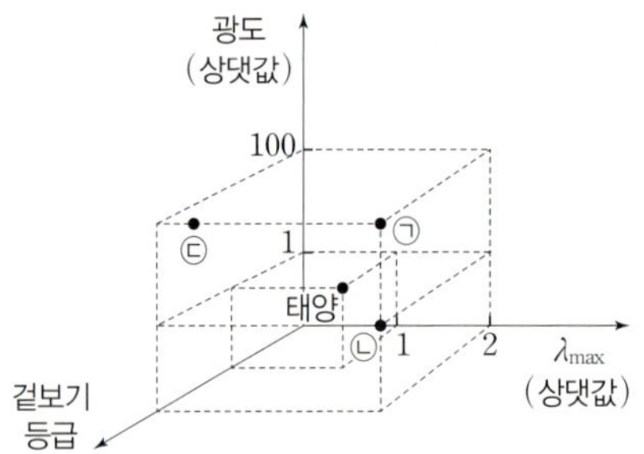

이에 대한 설명으로 옳은 것만을 〈보기〉에서 있는 대로 고른 것은? [3점]

┌ 보기 ┐
ㄱ. 반지름은 ㉠이 태양의 40배이다.
ㄴ. 지구로부터의 거리는 ㉡이 ㉢보다 가깝다.
ㄷ. ㉢은 주계열성이다.

① ㄱ   ② ㄴ   ③ ㄱ, ㄷ
④ ㄴ, ㄷ   ⑤ ㄱ, ㄴ, ㄷ

9 [24918-0029] 그림 (가)는 어느 외계 행성이 중심별 주위를 공전하는 모습을, (나)는 이 별의 겉보기 밝기를 시간에 따라 나타낸 것이다.

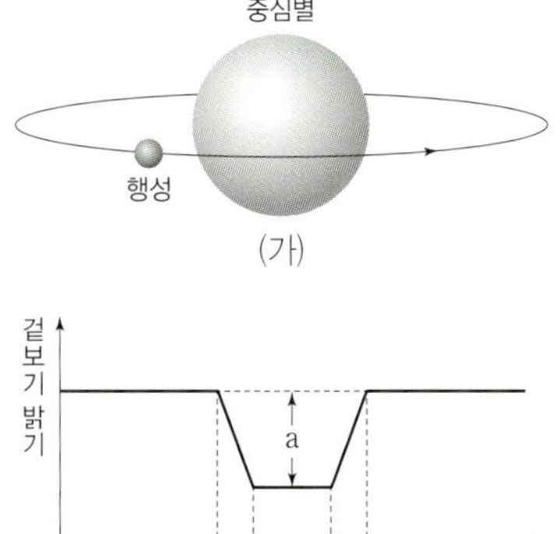

이에 대한 설명으로 옳은 것만을 〈보기〉에서 있는 대로 고른 것은? (단, 행성의 공전 궤도면은 시선 방향과 나란하다.) [3점]

보기
ㄱ. 행성의 반지름이 2배가 되면 a는 2배로 커진다.
ㄴ. 행성의 공전 속도가 일정할 때, t_1은 중심별의 반지름이 클수록 크다.
ㄷ. 행성의 반지름이 같다면, (t_1-t_2)는 행성의 공전 속도가 빠를수록 크다.

① ㄱ   ② ㄴ   ③ ㄱ, ㄷ
④ ㄴ, ㄷ   ⑤ ㄱ, ㄴ, ㄷ

10 [24918-0030] 그림은 빅뱅 직후 급팽창이 일어난 시기 동안 우주의 크기 변화를 부풀어 오르는 풍선 표면에 비유하여 모식적으로 나타낸 것이다.

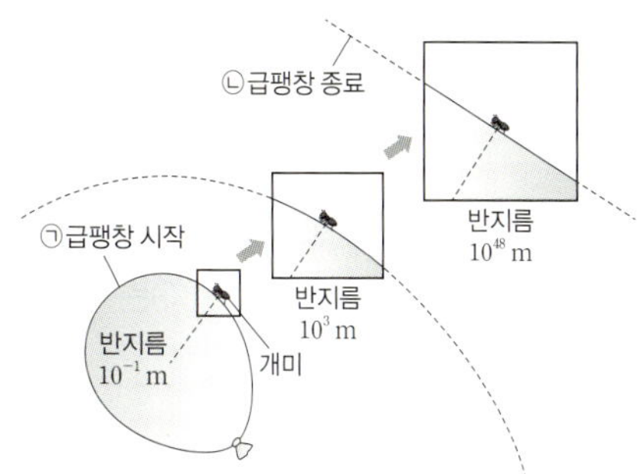

우주의 급팽창 이론에 대한 설명으로 옳은 것만을 〈보기〉에서 있는 대로 고른 것은?

보기
ㄱ. ⓐ일 때 현재 관측 가능한 우주에 해당하는 영역은 매우 불균질하였다.
ㄴ. ⓒ일 때 관측 가능한 우주는 매우 평탄할 것이다.
ㄷ. 급팽창 이론을 통해 빅뱅 우주론에서 설명하지 못한 우주의 평탄성 문제를 설명할 수 있다.

① ㄱ   ② ㄴ   ③ ㄱ, ㄷ
④ ㄴ, ㄷ   ⑤ ㄱ, ㄴ, ㄷ

04 회 미니모의고사

EBS 수능특강 Q 미니모의고사 **지구과학I**

○ 알고 맞힘 　/10　 △ 헷갈림 　/10　 ✕ 모르고 틀림 　/10

[24918-0031]　○ △ ✕

1 그림 (가)는 지구 자기장의 모습을, (나)와 (다)는 지점 A, B, C 중 두 지점의 자기력선 분포를 나타낸 것이다.

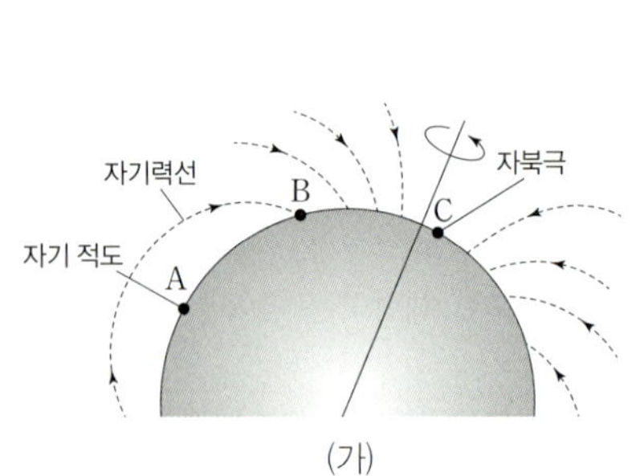

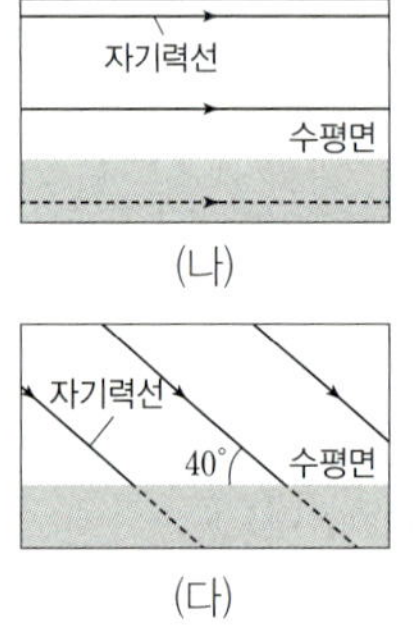

이에 대한 설명으로 옳은 것만을 〈보기〉에서 있는 대로 고른 것은?

┌ 보기 ┌
ㄱ. (나)는 A의 자기력선 분포이다.
ㄴ. (다)에서 복각은 +40°이다.
ㄷ. 복각의 크기는 B보다 C에서 작다.

① ㄱ　　　　② ㄷ　　　　③ ㄱ, ㄴ
④ ㄴ, ㄷ　　　⑤ ㄱ, ㄴ, ㄷ

[24918-0032]　○ △ ✕

2 그림은 북아메리카 대륙에서 A – B 구간의 지진파 단층 촬영 영상을 나타낸 것이다.

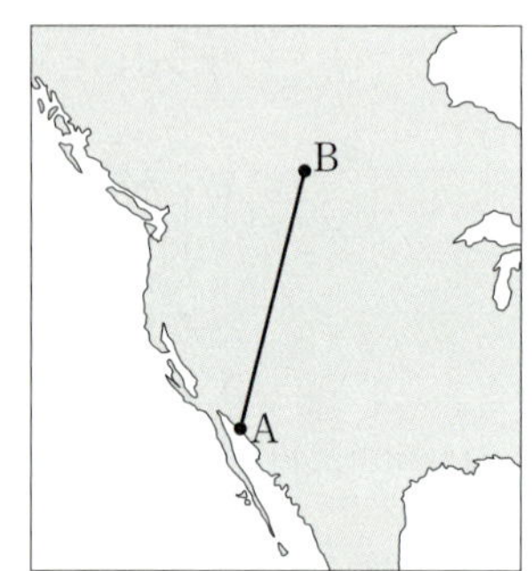

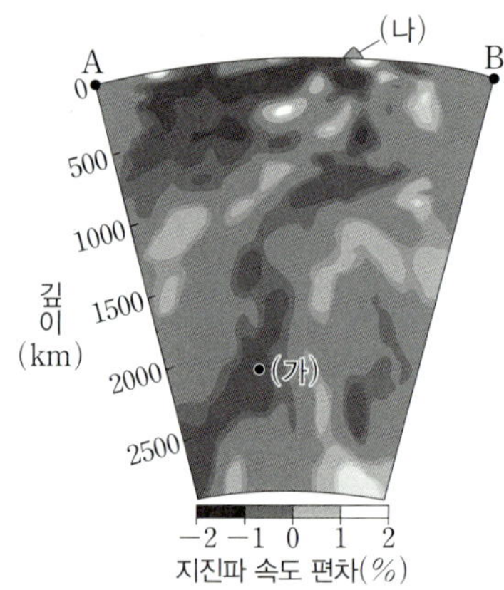

이 자료에 대한 설명으로 옳은 것만을 〈보기〉에서 있는 대로 고른 것은?

[3점]

┌ 보기 ┌
ㄱ. (가) 지점은 동일한 깊이의 주변 지역보다 대체로 온도가 높다.
ㄴ. 화산체 (나)에서는 주로 압력 감소에 의해 형성된 마그마가 분출된다.
ㄷ. (나)는 판의 발산형 경계에 해당한다.

① ㄱ　　　　② ㄷ　　　　③ ㄱ, ㄴ
④ ㄴ, ㄷ　　　⑤ ㄱ, ㄴ, ㄷ

---

3 그림은 서로 다른 쇄설성 퇴적물 A와 B에서 속성 작용이 일어나는 동안 깊이에 따른 물리량 P의 분포를 나타낸 것이다. 물리량 P는 $\dfrac{\text{공극의 총 부피}}{\text{퇴적물의 총 부피}}$ 이고 A와 B 각각을 구성하는 퇴적 입자의 크기는 균일하다.

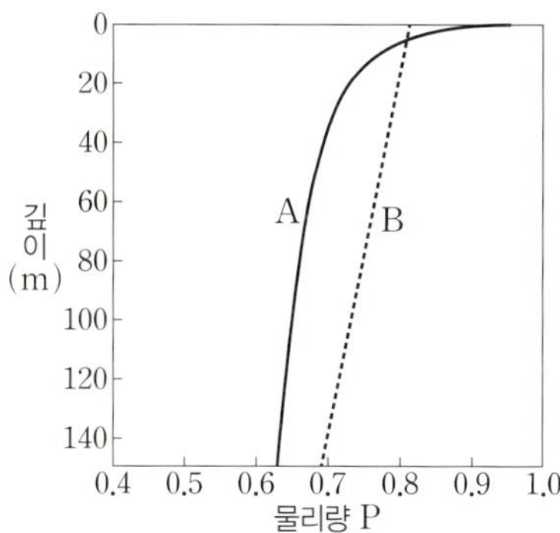

이 자료에 대한 설명으로 옳은 것만을 〈보기〉에서 있는 대로 고른 것은? [3점]

보기
ㄱ. 깊이가 깊어질수록 A의 평균 밀도는 증가한다.
ㄴ. 깊이가 깊어질수록 B의 공극의 평균 크기는 작아진다.
ㄷ. 깊이 0~140 m 구간에서 깊이에 따른 P의 평균 감소율은 A가 B보다 크다.

① ㄱ   ② ㄷ   ③ ㄱ, ㄴ
④ ㄴ, ㄷ   ⑤ ㄱ, ㄴ, ㄷ

4 그림 (가)와 (나)는 어느 날 같은 시각에 기상 위성으로 촬영한 우리나라 주변의 가시 영상과 적외 영상을 순서 없이 나타낸 것이다.

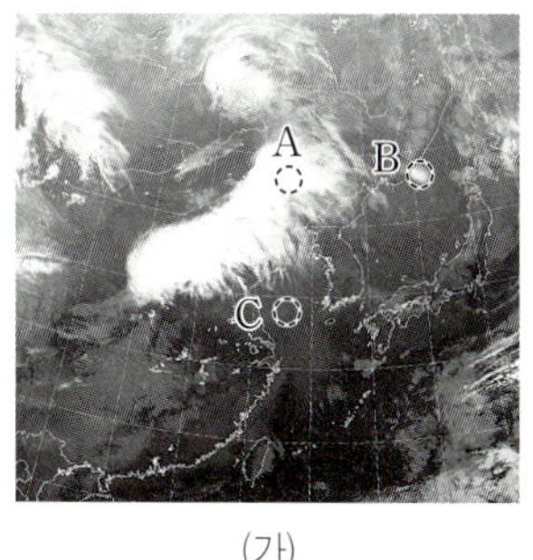
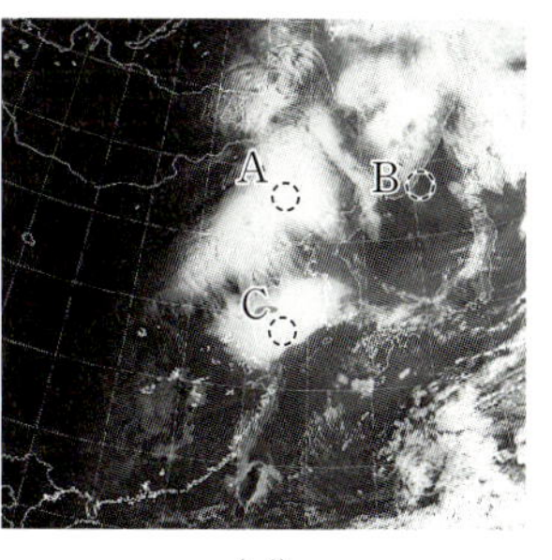

(가)   (나)

이에 대한 설명으로 옳은 것만을 〈보기〉에서 있는 대로 고른 것은? [3점]

보기
ㄱ. 촬영 시각은 우리나라를 기준으로 초저녁이다.
ㄴ. A 지역은 C 지역보다 두꺼운 구름이 발달해 있다.
ㄷ. B 지역은 C 지역보다 최상부 높이가 높은 구름이 발달해 있다.

① ㄱ   ② ㄴ   ③ ㄱ, ㄷ
④ ㄴ, ㄷ   ⑤ ㄱ, ㄴ, ㄷ

5 그림은 북반구 중위도의 어느 해역에서 1년 동안 측정한 깊이에 따른 평균 수온 분포를 나타낸 것이다.

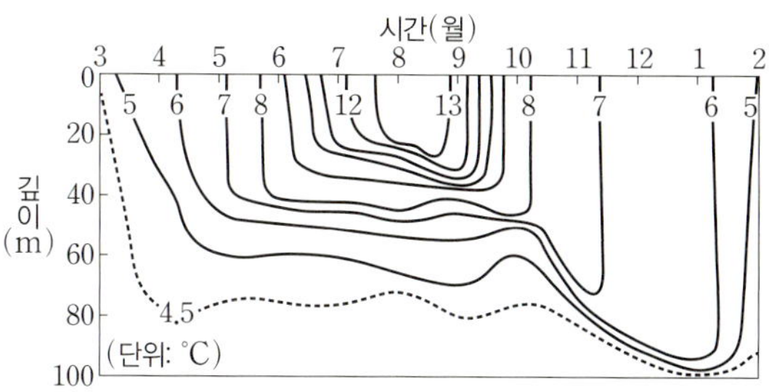

이에 대한 설명으로 옳은 것만을 〈보기〉에서 있는 대로 고른 것은? [3점]

보기
ㄱ. 수심 60 m와 표층의 물질 교환은 8월이 12월보다 원활하다.
ㄴ. 표층 해수의 염분이 일정할 때, 표층 해수의 밀도는 8월이 5월보다 크다.
ㄷ. 8월 이후 12월까지 해수면에서 평균 풍속은 강해지는 경향을 보인다.

① ㄱ   ② ㄴ   ③ ㄷ
④ ㄱ, ㄴ   ⑤ ㄱ, ㄷ

6 그림은 대서양에서 일어나는 심층 순환을 나타낸 것이다.

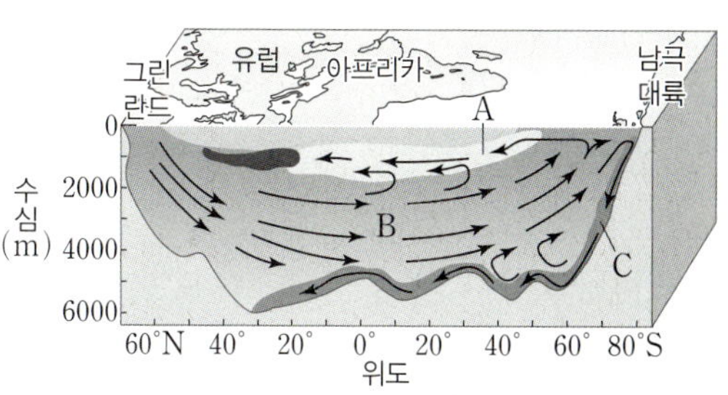

수괴 A, B, C에 대한 설명으로 옳은 것만을 〈보기〉에서 있는 대로 고른 것은?

보기
ㄱ. A는 C보다 밀도가 크다.
ㄴ. B는 북대서양 심층수이다.
ㄷ. A, B, C의 유속은 표층 해류에 비해 대체로 빠르다.

① ㄱ   ② ㄴ   ③ ㄱ, ㄷ
④ ㄴ, ㄷ   ⑤ ㄱ, ㄴ, ㄷ

7 그림 (가)는 현재를 기준으로 5만 년 전~5만 년 후의 지구 자전축의 기울기 변화를, (나)는 북반구 여름철의 태양과 지구 사이의 거리 변화를 나타낸 것이다.

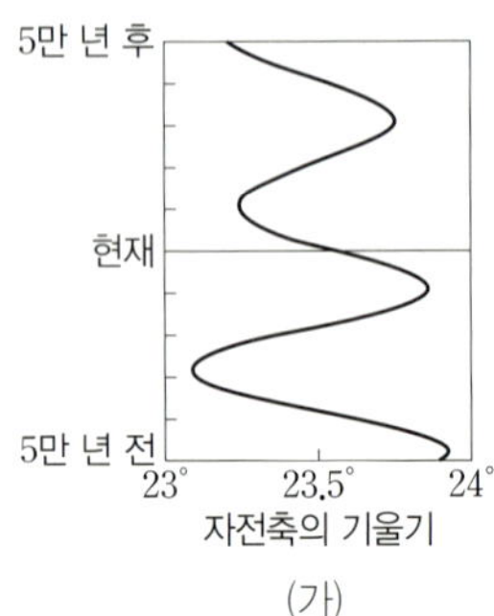

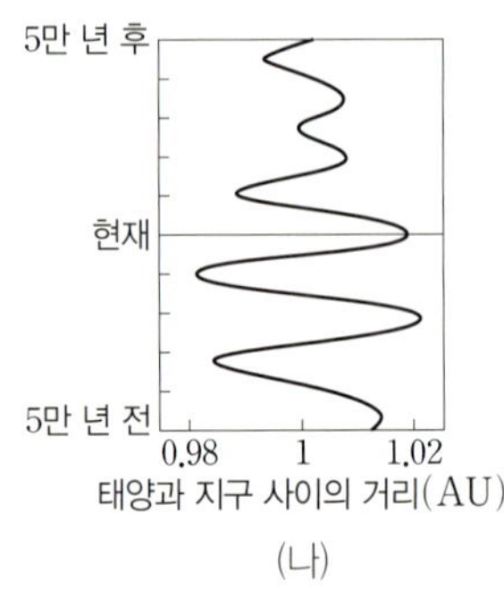

이에 대한 설명으로 옳은 것만을 〈보기〉에서 있는 대로 고른 것은? (단, (가), (나) 이외의 조건은 고려하지 않는다.) [3점]

> **보기**
> ㄱ. (가)만을 고려할 때, 3만 년 후 우리나라에서 기온의 연교차는 현재보다 커질 것이다.
> ㄴ. (나)만을 고려할 때, 1만 년 전 30°N 지역에서 여름철 기온은 현재보다 높았을 것이다.
> ㄷ. (가)와 (나)를 모두 고려할 때, 5만 년 전 우리나라에서 여름철과 겨울철의 태양 복사 에너지양 차이는 현재보다 작았을 것이다.

① ㄱ   ② ㄷ   ③ ㄱ, ㄴ
④ ㄴ, ㄷ   ⑤ ㄱ, ㄴ, ㄷ

8 그림은 질량이 서로 다른 두 주계열성 (가)와 (나)의 내부 구조를 순서 없이 나타낸 것이다.

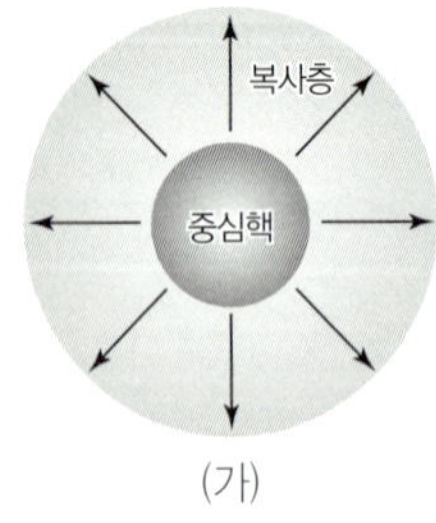

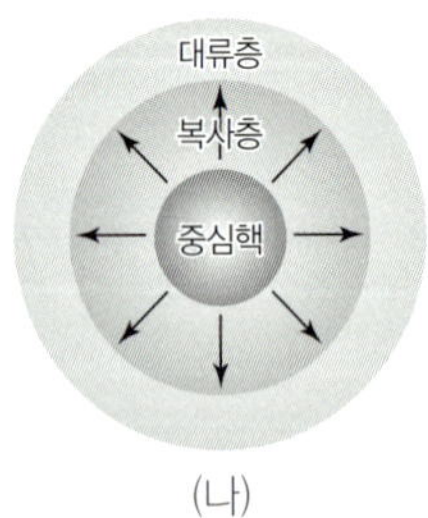

이에 대한 설명으로 옳은 것만을 〈보기〉에서 있는 대로 고른 것은?

> **보기**
> ㄱ. 별의 반지름은 (나)보다 (가)가 크다.
> ㄴ. CNO 순환 반응은 (나)보다 (가)에서 우세하게 일어난다.
> ㄷ. (가)에서 중심핵은 (나)의 대류층과 같은 방식으로 에너지를 전달한다.

① ㄱ   ② ㄷ   ③ ㄱ, ㄴ
④ ㄴ, ㄷ   ⑤ ㄱ, ㄴ, ㄷ

9 그림 (가)는 공통 질량 중심을 중심으로 공전하는 중심별과 행성의 공전 궤도를, (나)는 중심별이 (가)의 A~D에 있을 때 각각 관측된 스펙트럼을 나타낸 것이다. $\Delta\lambda_{max}$는 스펙트럼의 최대 편이량이다.

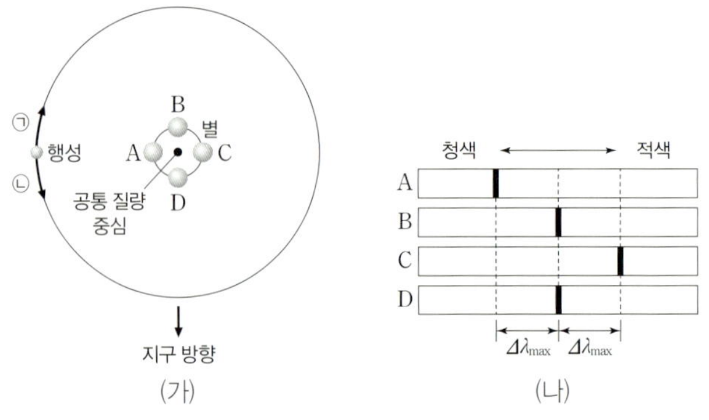

이에 대한 설명으로 옳은 것만을 〈보기〉에서 있는 대로 고른 것은?

> **보기**
> ㄱ. 행성의 공전 방향은 ⓐ이다.
> ㄴ. 지구와 행성과의 거리는 중심별이 D에 있을 때 가장 가깝다.
> ㄷ. 행성의 질량이 클수록 (나)에서 $\Delta\lambda_{max}$는 커진다.

① ㄱ   ② ㄷ   ③ ㄱ, ㄴ
④ ㄴ, ㄷ   ⑤ ㄱ, ㄴ, ㄷ

10 그림 (가)와 (나)는 허블이 1929년과 1931년에 각각 발표한 외부 은하의 거리와 후퇴 속도의 관계를 나타낸 것이다.

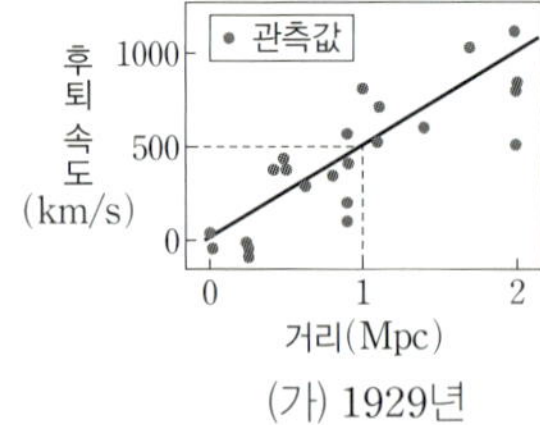

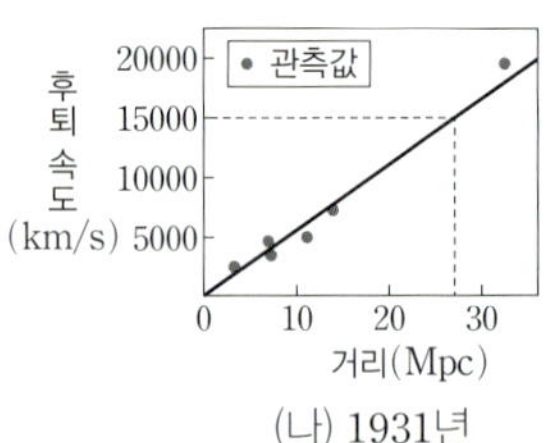

이 자료에 대한 설명으로 옳은 것만을 〈보기〉에서 있는 대로 고른 것은? (단, 우주의 팽창 속도는 일정하다고 가정한다.)

> **보기**
> ㄱ. 허블 상수는 (가)보다 (나)에서 작다.
> ㄴ. 우주의 나이는 (가)보다 (나)에서 적다.
> ㄷ. 허블 법칙을 이용한 은하의 거리 측정은 먼 은하보다 가까운 은하에 적용하는 것이 더 적합하다.

① ㄱ   ② ㄴ   ③ ㄱ, ㄷ
④ ㄴ, ㄷ   ⑤ ㄱ, ㄴ, ㄷ

05회 미니모의고사

EBS 수능특강 Q 미니모의고사 **지구과학I**

○ 알고 맞힘 　/10　△ 헷갈림 　/10　✕ 모르고 틀림 　/10

[24918-0041] ○ △ ✕

1 그림 (가)는 해양 지각 A와 B에서 연령에 따른 수심을, (나)는 A와 B에서 해령의 열곡으로부터의 거리에 따른 수심을 나타낸 것이다.

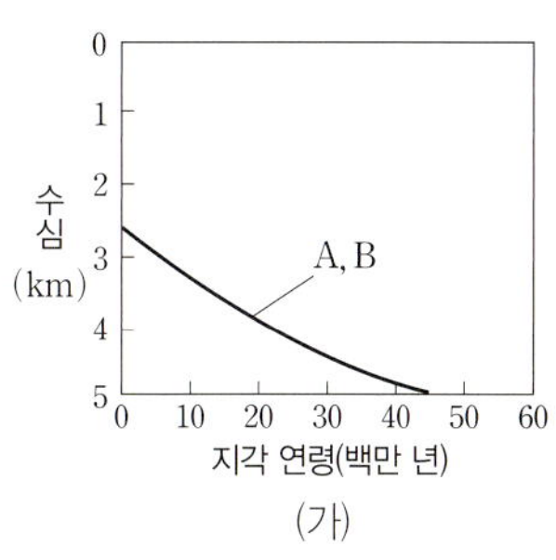
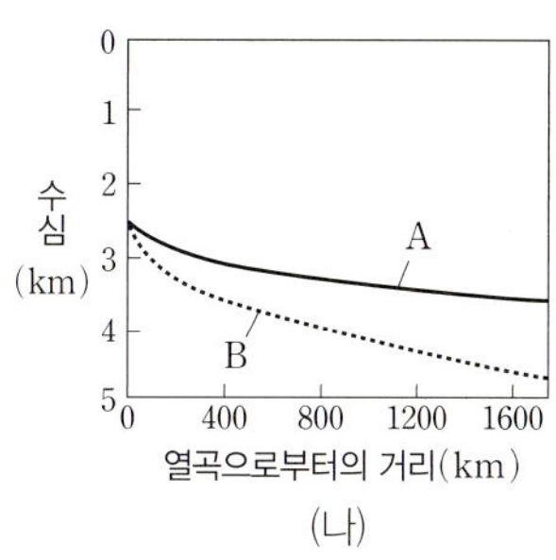

이에 대한 설명으로 옳은 것만을 〈보기〉에서 있는 대로 고른 것은? [3점]

┌ 보기 ┐
ㄱ. 해양 지각의 확장 속도는 A가 B보다 빠르다.
ㄴ. 해령의 열곡으로부터의 거리에 따른 수심 변화는 A가 B 보다 크다.
ㄷ. A와 B 모두 해령의 열곡에서 멀어질수록 해양 지각의 침 강 속도가 증가한다.

① ㄱ　　　　② ㄴ　　　　③ ㄱ, ㄷ
④ ㄴ, ㄷ　　　⑤ ㄱ, ㄴ, ㄷ

[24918-0042] ○ △ ✕

2 그림은 어느 지역의 지질 단면과 퇴적 구조를 나타낸 것이다.

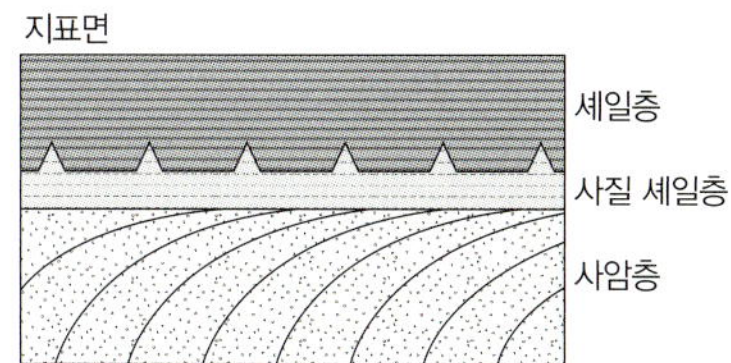

이에 대한 설명으로 옳은 것만을 〈보기〉에서 있는 대로 고른 것은?

┌ 보기 ┐
ㄱ. 지층을 구성하는 입자의 평균 크기는 사암층이 셰일층보다 크다.
ㄴ. 셰일층은 형성되는 동안 건조한 대기에 노출된 시기가 있 었다.
ㄷ. 셰일층은 사질 셰일층보다 나중에 퇴적되었다.

① ㄱ　　　　② ㄷ　　　　③ ㄱ, ㄴ
④ ㄴ, ㄷ　　　⑤ ㄱ, ㄴ, ㄷ

[24918-0043] ○ △ ✕

3 그림은 인접한 두 지역 (가)와 (나)의 지질 단면을, 표는 (가)와 (나)의 화성암에 포함된 방사성 동위 원소 X와 자원소의 함량을 나타낸 것이다. (가)와 (나)의 A층은 동일한 시기에 생성된 해성층이다.

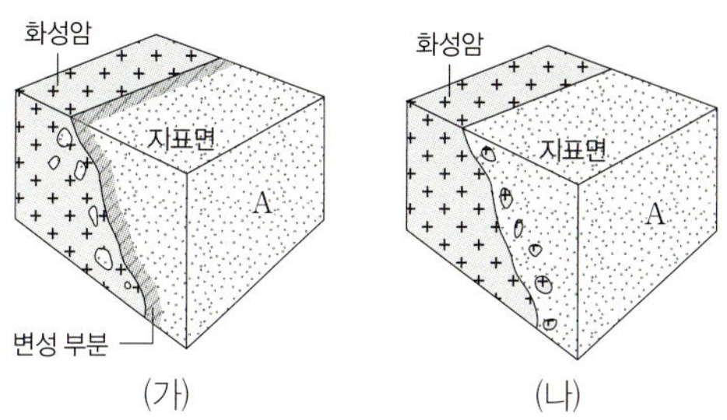

	X의 함량 : 자원소의 함량
(가)의 화성암	50 % : 50 %
(나)의 화성암	25 % : 75 %

※ 방사성 동위 원소 X의 반감기＝1억 년

A층에서 산출될 수 있는 화석으로 가장 적절한 것은? [3점]

① 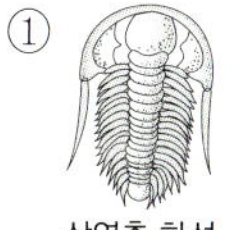 삼엽충 화석
② 화폐석 화석
③ 공룡 발자국 화석
④ 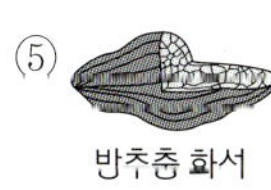 암모나이트 화석
⑤ 방추충 화서

[24918-0044] ○ △ ✕

4 그림 (가)와 (나)는 24시간 간격으로 작성된 우리나라 주변의 지상 일기도를 순서 없이 나타낸 것이다.

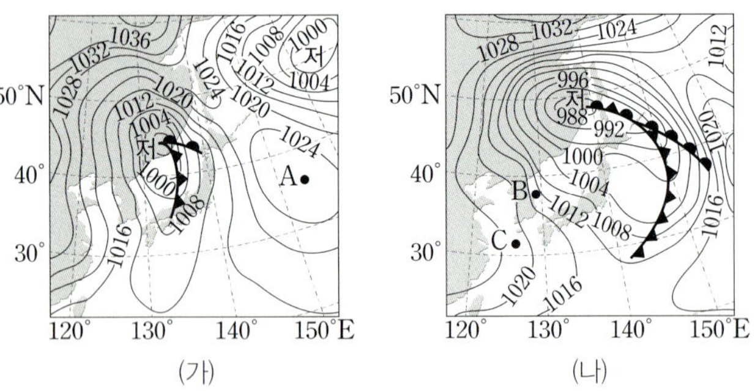

(가)   (나)

이에 대한 설명으로 옳은 것만을 〈보기〉에서 있는 대로 고른 것은? (단, 풍속의 세기는 등압선만을 고려한다.)

> 보기
> ㄱ. 이 기간 동안 온대 저기압의 세력은 강해졌다.
> ㄴ. (가)의 A에는 하강 기류가 나타난다.
> ㄷ. (나)에서 풍속은 B가 C보다 빠르다.

① ㄱ　　　　② ㄴ　　　　③ ㄱ, ㄷ
④ ㄴ, ㄷ　　　⑤ ㄱ, ㄴ, ㄷ

[24918-0045] ○ △ ✕

5 그림 (가)와 (나)는 엘니뇨와 라니냐 시기의 태평양 적도 부근 해역의 연직 수온 분포를 순서 없이 나타낸 것이다.

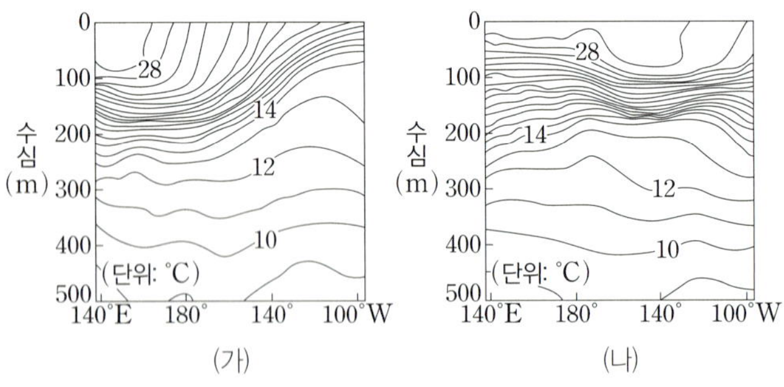

(가)   (나)

이에 대한 설명으로 옳은 것만을 〈보기〉에서 있는 대로 고른 것은? (단, 편차는 (관측값−평년값)이다.)

> 보기
> ㄱ. 무역풍의 세기는 (가) 시기가 (나) 시기보다 강하다.
> ㄴ. (가) 시기에 서태평양 적도 부근 해역에서 강수량 편차는 양(+)의 값이다.
> ㄷ. (나) 시기에 동태평양 적도 부근 해역에서 20 ℃ 등수온선의 깊이 편차는 양(+)의 값이다.

① ㄱ　　　　② ㄴ　　　　③ ㄱ, ㄷ
④ ㄴ, ㄷ　　　⑤ ㄱ, ㄴ, ㄷ

[24918-0046] ○ △ ✕

6 그림 (가)와 (나)는 각각 고비 사막과 내몽골 고원에서 황사가 발원하여 우리나라에서 발생한 월별 황사 일수와 발원지의 풍속, 상대 습도를 나타낸 것이다. 고비 사막과 내몽골 고원은 우리나라에서 발생하는 황사 중 80 % 이상의 발원지이다.

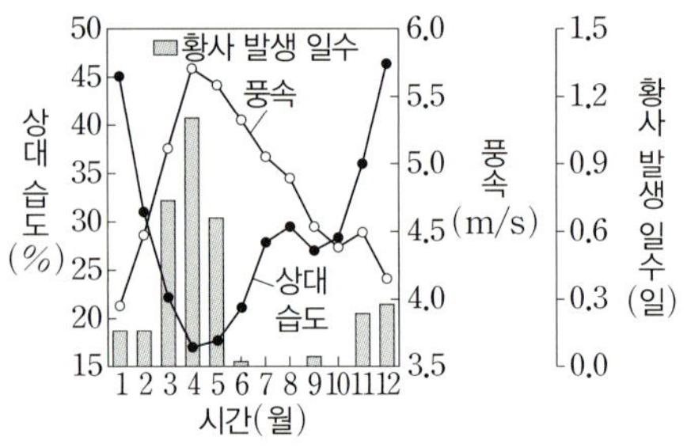

(가) 고비 사막

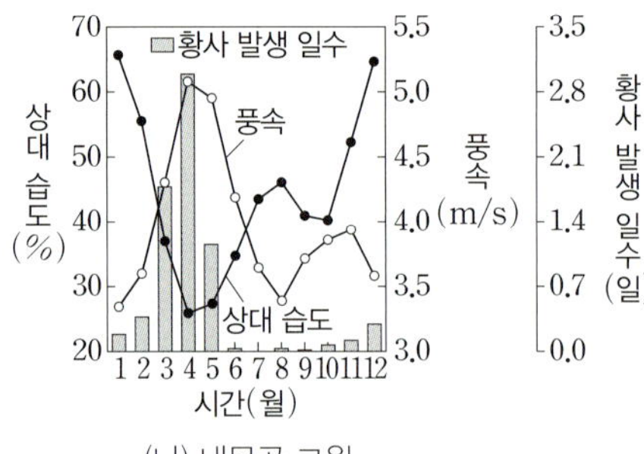

(나) 내몽골 고원

이에 대한 설명으로 옳은 것만을 〈보기〉에서 있는 대로 고른 것은? [3점]

> 보기
> ㄱ. 우리나라에서 황사는 4월에 가장 많이 발생한다.
> ㄴ. 봄철 황사는 발원지에서 풍속이 빠르고 상대 습도가 낮을 때 발원할 가능성이 높다.
> ㄷ. 황사 발원지의 기상 상태를 파악하면 우리나라에 황사가 발생할지 여부를 판단할 수 있다.

① ㄱ　　　　② ㄷ　　　　③ ㄱ, ㄴ
④ ㄴ, ㄷ　　　⑤ ㄱ, ㄴ, ㄷ

7 표는 별 a, b, c의 표면 온도, 최대 복사 에너지를 방출하는 파장(λ_{max}), 광도를 나타낸 것이다.

별	표면 온도(K)	λ_{max}(nm)	광도(태양=1)
a	( )	500	1
b	3000	1000	10000
c	12000	(㉠)	0.01

이에 대한 설명으로 옳은 것만을 〈보기〉에서 있는 대로 고른 것은? (단, 빈의 변위 상수는 $3000\ \mu m \cdot K$이다.) [3점]

┌ 보기 ┌
ㄱ. a는 주계열성이다.
ㄴ. ㉠은 250이다.
ㄷ. 반지름은 b가 c의 10000배보다 크다.

① ㄱ   ② ㄷ   ③ ㄱ, ㄴ
④ ㄴ, ㄷ   ⑤ ㄱ, ㄴ, ㄷ

9 그림 (가)와 (나)는 각각 주계열성 A와 B를 중심별로 하는 두 외계 행성계의 생명 가능 지대와 행성의 위치를 나타낸 것이다.

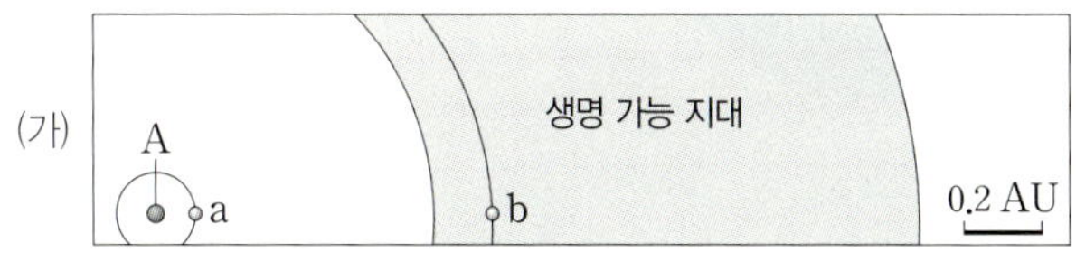

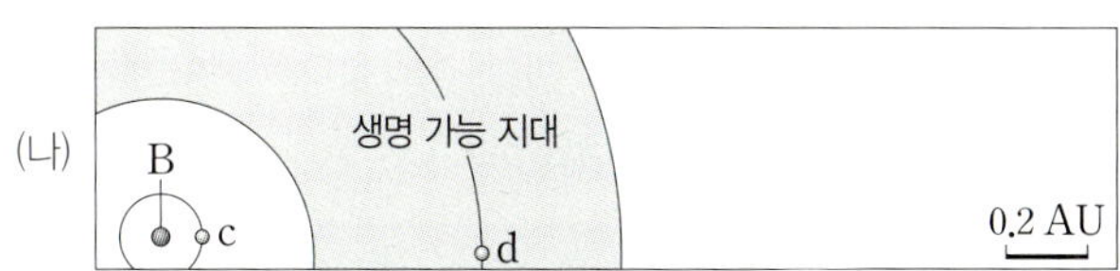

이에 대한 설명으로 옳은 것만을 〈보기〉에서 있는 대로 고른 것은? [3점]

┌ 보기 ┌
ㄱ. 질량은 A가 B보다 크다.
ㄴ. A와 B가 적색 거성으로 진화하면, a와 c는 생명 가능 지대에 위치할 수 있다.
ㄷ. 생명 가능 지대에 머무를 수 있는 시간은 b가 d보다 길다.

① ㄱ   ② ㄴ   ③ ㄱ, ㄷ
④ ㄴ, ㄷ   ⑤ ㄱ, ㄴ, ㄷ

8 그림은 원시별, 주계열성, 적색 거성을 특징에 따라 구분하는 과정을 나타낸 것이다.

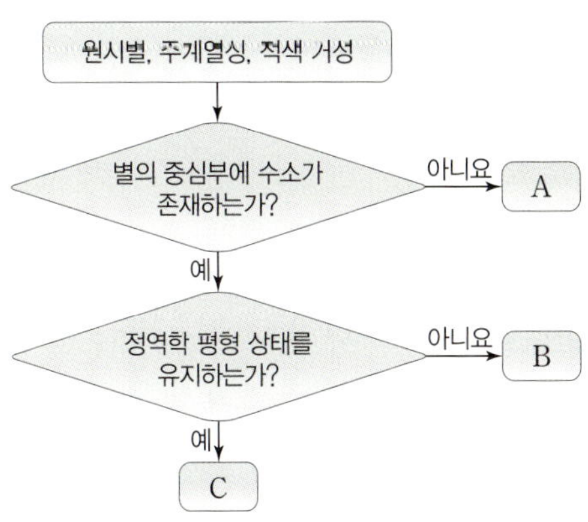

이에 대한 설명으로 옳은 것만을 〈보기〉에서 있는 대로 고른 것은?

┌ 보기 ┌
ㄱ. A는 적색 거성이다.
ㄴ. 별의 중심부 온도는 A가 B보다 높다.
ㄷ. 태양이 진화하는 동안 머무르는 시간은 C가 B보다 길다.

① ㄱ   ② ㄴ   ③ ㄱ, ㄷ
④ ㄴ, ㄷ   ⑤ ㄱ, ㄴ, ㄷ

10 그림은 우주 모형 A와 B에서 Ⅰa형 초신성의 적색 편이와 겉보기 등급과의 관계를 관측 자료와 함께 니타낸 것이고, 표는 우주 모형 (가)와 (나)의 임계 밀도(ρ_c)에 대한 물질 밀도(ρ_m) 및 암흑 에너지 밀도(ρ_Λ)를 나타낸 것이다. (가)와 (나)는 각각 A와 B 중 하나이다.

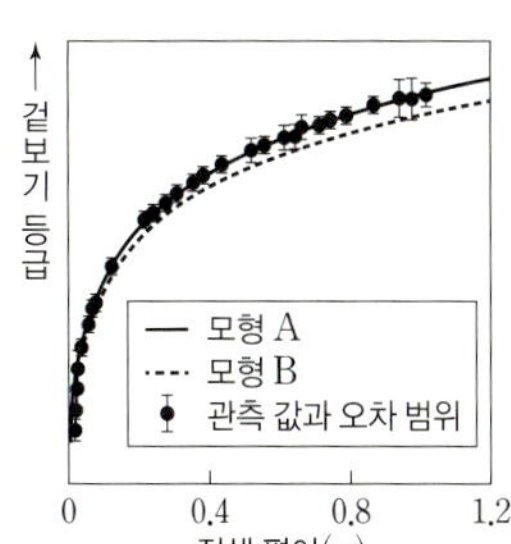

우주 모형	$\dfrac{\rho_m}{\rho_c}$	$\dfrac{\rho_\Lambda}{\rho_c}$
(가)	0.3	0.7
(나)	1.0	0

이에 대한 설명으로 옳은 것만을 〈보기〉에서 있는 대로 고른 것은?

┌ 보기 ┌
ㄱ. $z=1.0$인 Ⅰa형 초신성의 거리는 A로 예측했을 때가 B로 예측했을 때보다 멀다.
ㄴ. A는 가속 팽창하는 우주 모형이다.
ㄷ. (가)는 B에 해당한다.

① ㄱ   ② ㄷ   ③ ㄱ, ㄴ
④ ㄴ, ㄷ   ⑤ ㄱ, ㄴ, ㄷ

06 회 미니모의고사

EBS 수능특강 **Q** 미니모의고사 **지구과학Ⅰ**

○ 알고 맞힘 ______ /10   △ 헷갈림 ______ /10   ✕ 모르고 틀림 ______ /10

[24918-0051] ○ △ ✕

1 다음은 판 구조론이 정립되는 과정에서 등장한 세 이론 (가), (나), (다)와 학생 A, B, C의 대화를 나타낸 것이다.

이론	내용
(가)	여러 대륙들이 모여 만들어진 하나의 거대 대륙인 ㉠ 판게아가 존재하였다.
(나)	해령에서 새로운 해양 지각이 생성되고 해령을 중심으로 해저가 확장된다.
(다)	㉡ 맨틀 상하부의 온도 차에 의해 맨틀이 대류하고 이로 인해 대륙이 이동한다.

제시한 내용이 옳은 학생만을 있는 대로 고른 것은?

① A ② B ③ A, C
④ B, C ⑤ A, B, C

[24918-0052] ○ △ ✕

2 그림 (가)는 어느 판의 경계와 호상 열도를 이루는 화산암체를 모식도로 나타낸 것이고, (나)는 구간 $a-a'$, $b-b'$ 중 어느 한 구간의 진원 분포를 나타낸 것이다. ㉠, ㉡은 서로 다른 판이다.

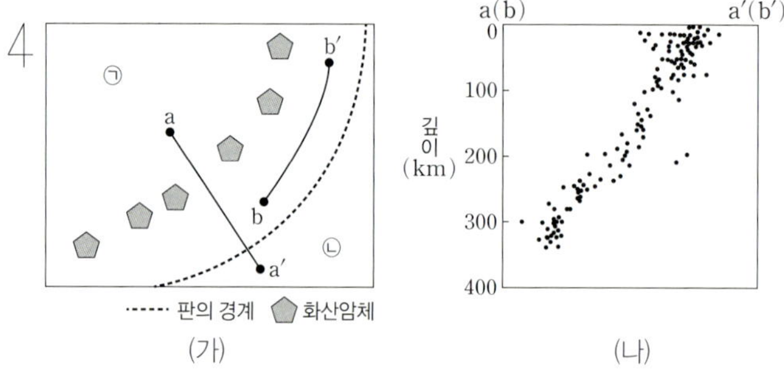

이 자료에 대한 설명으로 옳은 것만을 〈보기〉에서 있는 대로 고른 것은?

[3점]

> **보기**
> ㄱ. (나)는 $a-a'$ 구간의 진원 분포이다.
> ㄴ. $b-b'$ 구간의 하부에는 베니오프대가 존재한다.
> ㄷ. 호상 열도를 이루는 화산암체는 주로 ㉡ 판에서 발생한 마그마에 의해 형성되었다.

① ㄱ ② ㄷ ③ ㄱ, ㄴ
④ ㄴ, ㄷ ⑤ ㄱ, ㄴ, ㄷ

[24918-0053] ○ △ ✕

3 그림은 서로 다른 지역 (가), (나), (다)의 지질 단면을 나타낸 것이다.

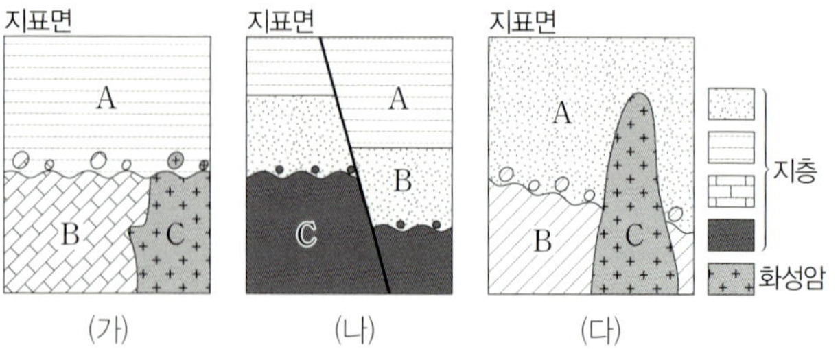

(가), (나), (다) 중 지층 및 암석의 생성 순서가 C → B → A인 것만을 있는 대로 고른 것은?

① (가) ② (나) ③ (다)
④ (가), (나) ⑤ (나), (다)

4 표는 어느 태풍의 영향을 받은 관측소 P에서 관측한 기압과 풍향 변화를, 그림은 이 태풍의 이동 경로를 나타낸 것이다. 그림에서 a와 b 중 하나는 실제 이동 경로이다.

일시	기압(hPa)	풍향
23일 15시	991.1	북동풍
23일 21시	989.0	남동풍
24일 03시	984.9	남서풍
24일 09시	988.1	남서풍
24일 15시	992.5	남서풍

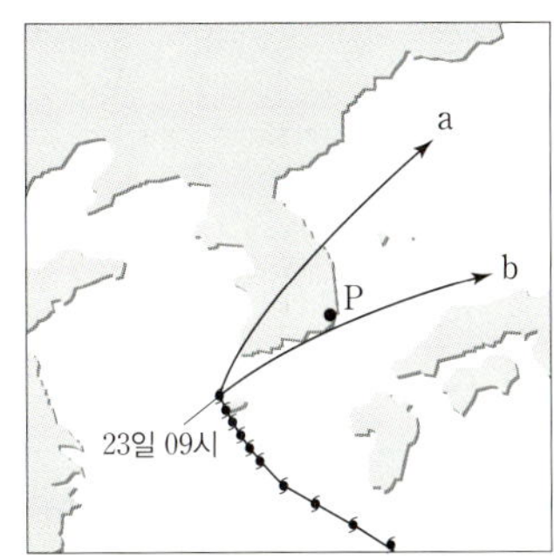

이에 대한 설명으로 옳은 것만을 〈보기〉에서 있는 대로 고른 것은? [3점]

보기
ㄱ. 23일 15시부터 24일 09시까지 태풍에 공급되는 수증기의 양은 지속적으로 증가하였다.
ㄴ. 태풍의 실제 이동 경로는 a이다.
ㄷ. 24일 15시 이후에 관측소와 태풍 중심까지의 거리가 가장 가깝다.

① ㄱ ② ㄴ ③ ㄱ, ㄴ
④ ㄱ, ㄷ ⑤ ㄴ, ㄷ

5 그림은 서로 다른 해수 A, B, C를 수온 염분도에 나타낸 것이다.

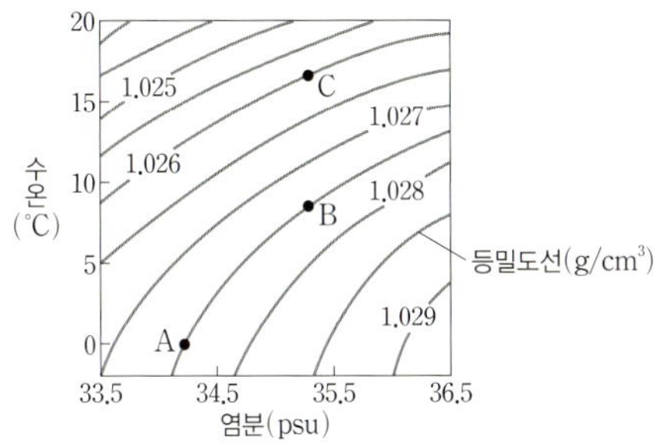

해수 A, B, C에 대한 설명으로 옳은 것만을 〈보기〉에서 있는 대로 고른 것은?

보기
ㄱ. 수온은 A가 가장 높다.
ㄴ. B와 C의 밀도 차는 수온보다 염분의 영향이 더 크다.
ㄷ. 같은 질량의 A와 B를 섞은 해수의 밀도는 1.0275 g/cm^3 보다 크다.

① ㄱ ② ㄷ ③ ㄱ, ㄴ
④ ㄴ, ㄷ ⑤ ㄱ, ㄴ, ㄷ

6 그림은 어느 시기에 우리나라 동해안의 표층 수온 분포를 나타낸 것이다.

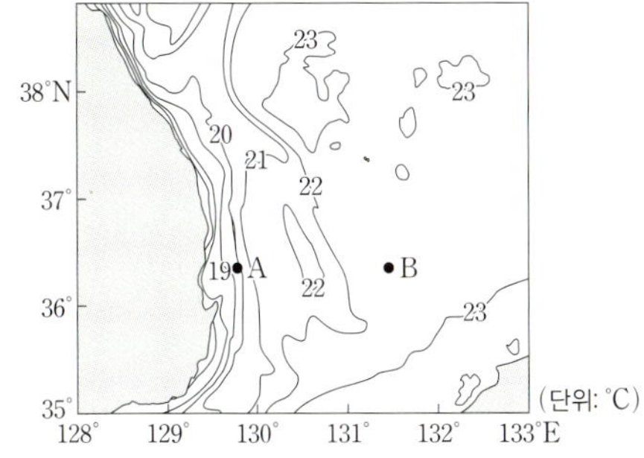

이 자료에 대한 설명으로 옳은 것만을 〈보기〉에서 있는 대로 고른 것은?

보기
ㄱ. 이 자료와 같은 분포는 겨울철보다 여름철에 잘 나타난다.
ㄴ. 심층에서 표층으로 운반되는 영양염의 양은 A 해역이 B 해역보다 적다.
ㄷ. 해수면의 높이는 A 해역이 B 해역보다 낮다.

① ㄱ ② ㄴ ③ ㄱ, ㄷ
④ ㄴ, ㄷ ⑤ ㄱ, ㄴ, ㄷ

7 [24918-0057] ○ △ ✕

그림 (가)는 태평양 적도 부근 표층 해수의 겨울철 동서 방향 평균 수온 차(서태평양 수온−동태평양 수온)를, (나)는 ㉠과 ㉡ 중 한 시기에 관측된 태평양 적도 부근 해역의 따뜻한 해수층의 두께 편차(관측값−평년값)를 나타낸 것이다. ㉠과 ㉡은 각각 엘니뇨 시기와 라니냐 시기 중 하나이다.

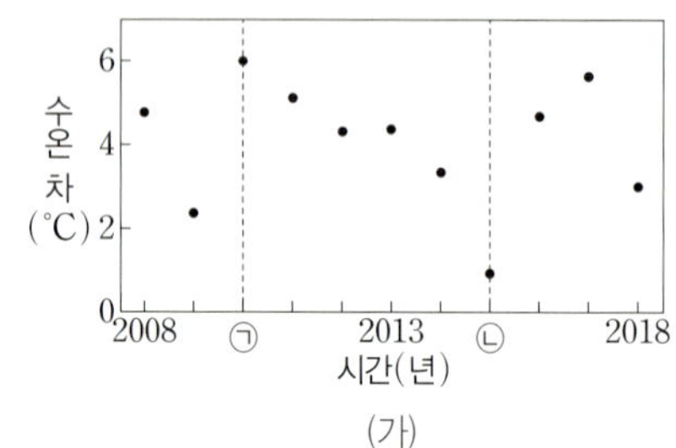

(가)

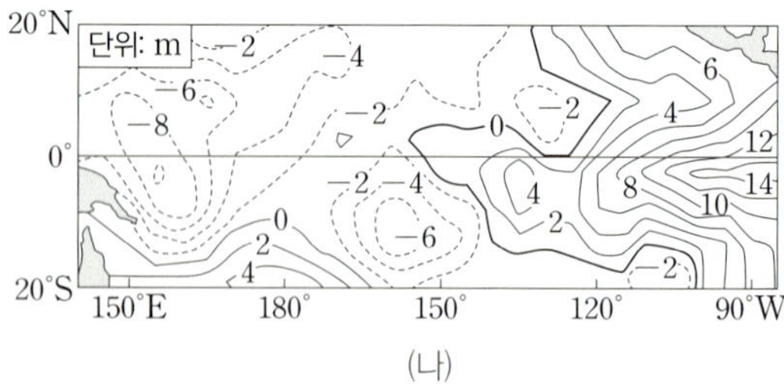

(나)

이에 대한 설명으로 옳은 것만을 〈보기〉에서 있는 대로 고른 것은? [3점]

보기
ㄱ. ㉠은 라니냐 시기이다.
ㄴ. (나)는 ㉡ 시기에 관측된 결과이다.
ㄷ. (나)에서 해수면의 높이는 동태평양이 서태평양보다 높다.

① ㄱ   ② ㄴ   ③ ㄷ
④ ㄱ, ㄴ   ⑤ ㄴ, ㄷ

8 [24918-0058] ○ △ ✕

그림 (가)와 (나)는 태양에서 중심으로부터의 거리에 따른 수소의 질량비와 헬륨의 질량비를 순서 없이 나타낸 것이다. 점선은 태양이 주계열 단계에 처음 도달했을 때의 질량비이고, 실선은 현재의 질량비이다.

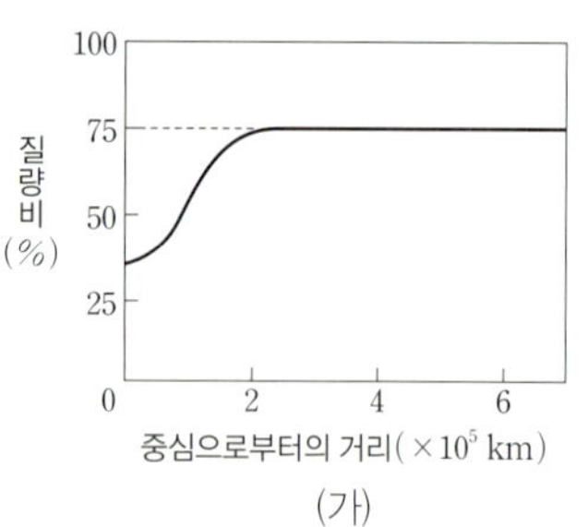

(가)

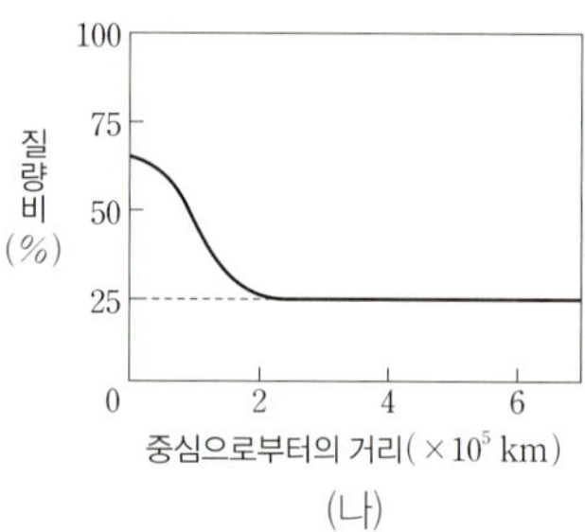

(나)

이에 대한 설명으로 옳은 것만을 〈보기〉에서 있는 대로 고른 것은? [3점]

보기
ㄱ. (가)는 수소, (나)는 헬륨의 질량비이다.
ㄴ. 원시별 단계일 때, 태양의 중심핵에는 헬륨이 존재하지 않았다.
ㄷ. 수소 핵융합 반응은 태양의 중심으로부터의 거리가 20만 km인 지점에서 가장 활발하다.

① ㄱ   ② ㄴ   ③ ㄱ, ㄷ
④ ㄴ, ㄷ   ⑤ ㄱ, ㄴ, ㄷ

9 [24918-0059] ○ △ ✕

그림은 외계 행성계 (가)와 (나)의 생명 가능 지대와 행성 ㉠, ㉡의 위치를, 표는 (가)와 (나)에서 중심별과 행성의 물리량을 나타낸 것이다.

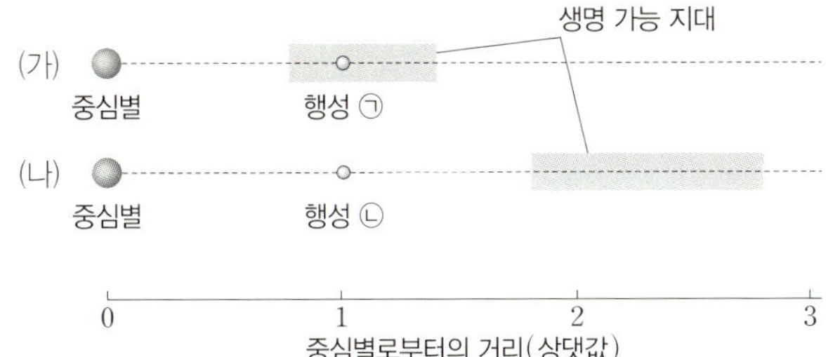

외계 행성계	중심별의 분광형과 광도 계급	행성의 질량 (상댓값)	행성의 궤도 반지름 (상댓값)
(가)	K0 V	1	1.0
(나)	F0 V	1	1.0

이에 대한 설명으로 옳은 것만을 〈보기〉에서 있는 대로 고른 것은? (단, 행성 ㉠, ㉡의 공전 궤도면은 시선 방향에 나란하다.) [3점]

보기
ㄱ. 생명 가능 지대의 폭은 (가)가 태양계보다 좁다.
ㄴ. 중심별로부터 행성의 단위 면적에 입사되는 에너지양은 ㉠이 ㉡보다 많다.
ㄷ. 지구에서 관측할 때 행성에 의한 중심별의 시선 속도 변화량은 (가)가 (나)보다 작다.

① ㄱ   ② ㄷ   ③ ㄱ, ㄴ
④ ㄴ, ㄷ   ⑤ ㄱ, ㄴ, ㄷ

10 [24918-0060] ○ △ ✕

그림은 외부 은하 A, B, C의 스펙트럼에서 수소선의 고유 파장과 관측 파장의 위치(↓)를 나타낸 것이다. A, B, C는 동일한 시선 방향에 위치하고 허블 법칙을 만족한다.

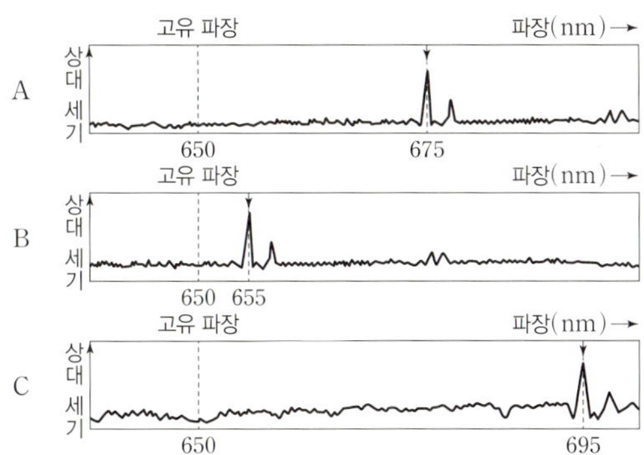

이에 대한 설명으로 옳은 것만을 〈보기〉에서 있는 대로 고른 것은?

보기
ㄱ. A, B, C에서 모두 적색 편이가 나타난다.
ㄴ. 우리은하로부터의 거리는 B<A<C이다.
ㄷ. C에서 관측할 때 후퇴 속도는 B가 A의 2배이다.

① ㄱ   ② ㄴ   ③ ㄱ, ㄷ
④ ㄴ, ㄷ   ⑤ ㄱ, ㄴ, ㄷ

07회 미니모의고사

EBS 수능특강 Q 미니모의고사 **지구과학 I**

O 알고 맞힘 ___ /10   △ 헷갈림 ___ /10   ✕ 모르고 틀림 ___ /10

[24918-0061] O △ ✕

1 그림은 해양 지각의 연령 분포와 A~D 지점의 위치를 나타낸 것이다.

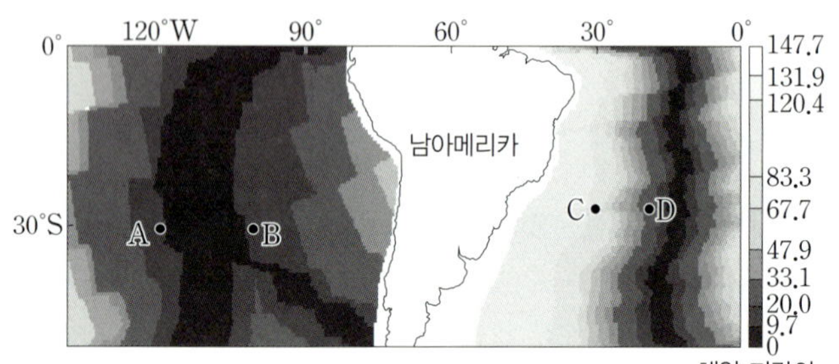

이에 대한 설명으로 옳은 것만을 〈보기〉에서 있는 대로 고른 것은?

> **보기**
>
> ㄱ. B와 C 사이에는 수렴형 경계가 존재한다.
> ㄴ. 해저 퇴적물 최하층의 연령은 C가 D보다 적다.
> ㄷ. 약 1000만 년 전에는 A와 B 사이의 거리가 C와 D 사이의 거리보다 가까웠다.

① ㄱ   ② ㄴ   ③ ㄷ
④ ㄱ, ㄷ   ⑤ ㄴ, ㄷ

[24918-0062] O △ ✕

2 그림 (가)는 지질 시대 Ⅰ → Ⅴ 동안 화석 a~d의 시대별 산출 상황을, (나)는 단층이 발달한 어느 지역에서 발견된 화석을 (가)의 시대에 따라 층으로 구분하여 나타낸 것이다.

지질 시대＼화석	a	b	c	d
Ⅴ		○		
Ⅳ	○	○		
Ⅲ	○	○	○	○
Ⅱ	○		○	○
Ⅰ	○		○	

(가)

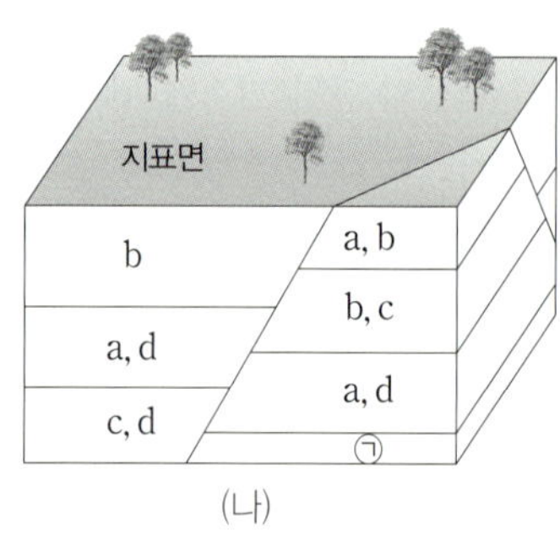

(나)

이에 대한 설명으로 옳은 것만을 〈보기〉에서 있는 대로 고른 것은? (단, 각 암반 내에서 지층의 역전은 발생하지 않았다.)   [3점]

> **보기**
>
> ㄱ. 정단층이 관찰된다.
> ㄴ. ㉠에서는 a와 c가 산출될 수 있다.
> ㄷ. 이 지역의 지표면에는 지질 시대 Ⅴ에 퇴적된 지층이 분포한다.

① ㄱ   ② ㄴ   ③ ㄷ
④ ㄱ, ㄴ   ⑤ ㄴ, ㄷ

---

3 [24918-0063]

그림은 화성암 A와 B에 포함된 방사성 동위 원소 X의 시간에 따른 함량 변화를 나타낸 것이다. 화성암 생성 당시에 방사성 동위 원소 X의 함량은 100 %이다.

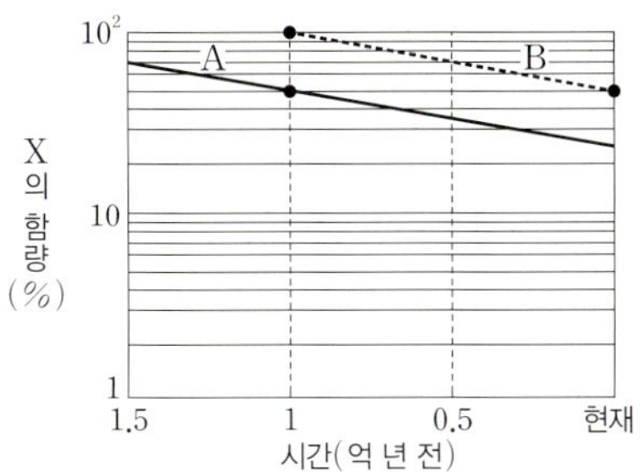

이에 대한 설명으로 옳은 것만을 〈보기〉에서 있는 대로 고른 것은? [3점]

보기
ㄱ. X의 반감기는 1억 년이다.
ㄴ. 현재 B의 절대 연령은 A의 $\frac{1}{2}$이다.
ㄷ. 현재로부터 1억 년 동안 $\dfrac{\text{B의 X 함량}}{\text{A의 X 함량}}$ 은 지속적으로 감소할 것이다.

① ㄱ　　　② ㄷ　　　③ ㄱ, ㄴ
④ ㄴ, ㄷ　　　⑤ ㄱ, ㄴ, ㄷ

4 [24918-0064]

그림 (가)와 (나)는 각각 우리나라에 폭설 또는 폭우가 내리던 날 오후 6시에 촬영한 위성 영상이다. (가)와 (나) 중 하나는 가시 영상, 다른 하나는 적외 영상이다.

(가)　　　(나)

이에 대한 설명으로 옳은 것만을 〈보기〉에서 있는 대로 고른 것은?

보기
ㄱ. (가)에서 우리나라 서해안을 따라 정체 전선이 형성되어 있다.
ㄴ. 강수에 의한 산사태 발생 가능성은 (가)보다 (나)가 크다.
ㄷ. (가)는 가시 영상이고, (나)는 적외 영상이다.

① ㄱ　　　② ㄷ　　　③ ㄱ, ㄴ
④ ㄴ, ㄷ　　　⑤ ㄱ, ㄴ, ㄷ

5 [24918-0065]

그림 (가)는 60°N~60°S 사이에서 나타나는 대기 대순환의 순환 세포를, (나)는 평균 해면 기압과 (강수량−증발량)을 위도에 따라 A와 B로 순서 없이 나타낸 것이다.

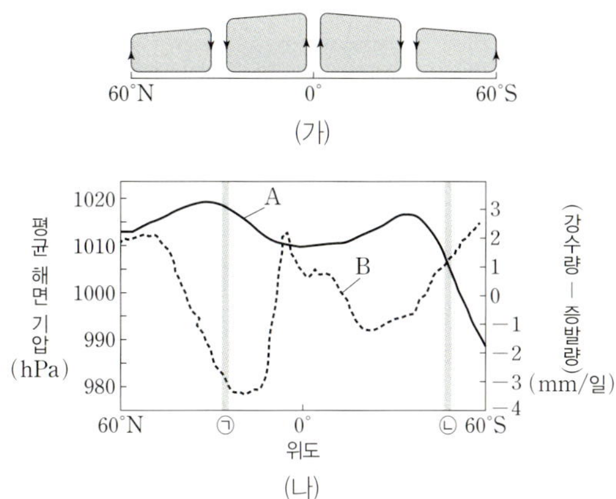

(가)

(나)

이에 대한 설명으로 옳은 것만을 〈보기〉에서 있는 대로 고른 것은? [3점]

보기
ㄱ. A는 평균 해면 기압, B는 (강수량−증발량)이다.
ㄴ. 표층 해수의 평균 염분은 적도 지역보다 ㉠ 해역에서 높다.
ㄷ. ㉡ 해역에서는 편서풍에 의해 동쪽에서 서쪽으로 해류가 흐른다.

① ㄱ　　　② ㄷ　　　③ ㄱ, ㄴ
④ ㄴ, ㄷ　　　⑤ ㄱ, ㄴ, ㄷ

6 그림 (가)는 대서양의 수온과 염분의 연직 분포를, (나)는 (가)의 자료를 해석하여 대서양에서 심층 순환이 발생하는 원리를 이해하기 위해 만든 수조를 나타낸 것이다.

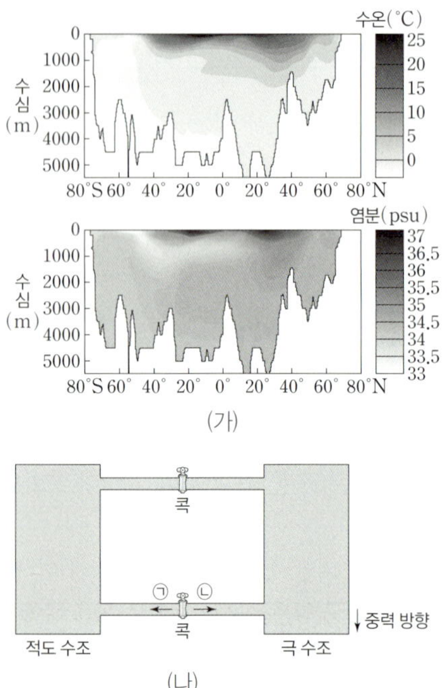

이에 대한 설명으로 옳은 것만을 〈보기〉에서 있는 대로 고른 것은? [3점]

┌─ 보기 ┌
ㄱ. (나)에서 적도 수조에는 극 수조보다 수온과 염분이 높은 물을 채운다.
ㄴ. (나)의 위쪽과 아래쪽 콕을 열면 아래쪽 연결관에서 물은 ㉠ 방향으로 흐른다.
ㄷ. 대서양에서 심층 순환의 발생은 염분보다 수온의 영향을 많이 받는다.
└

① ㄱ　　　　② ㄷ　　　　③ ㄱ, ㄴ
④ ㄴ, ㄷ　　　　⑤ ㄱ, ㄴ, ㄷ

7 그림은 지구에 입사하는 태양 복사 에너지를 **100** 단위로 했을 때 복사 평형 상태에 있는 지구의 에너지 출입을 나타낸 것이다.

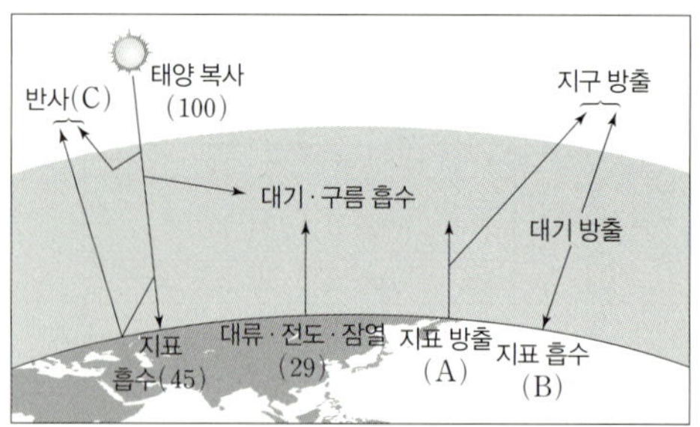

이에 대한 설명으로 옳은 것만을 〈보기〉에서 있는 대로 고른 것은?

┌─ 보기 ┌
ㄱ. A와 B의 차는 16이다.
ㄴ. 대기 중 온실 기체의 농도가 높아지면 A가 증가한다.
ㄷ. 대규모 화산 분출은 C를 감소시키는 역할을 한다.
└

① ㄱ　　　　② ㄷ　　　　③ ㄱ, ㄴ
④ ㄴ, ㄷ　　　　⑤ ㄱ, ㄴ, ㄷ

[24918-0068] ○ △ ✕

8 표는 별 A, B의 광도와 반지름을, 그림의 ㉠과 ㉡은 A, B의 파장에 따른 복사 에너지의 상대적 세기를 순서 없이 나타낸 것이다.

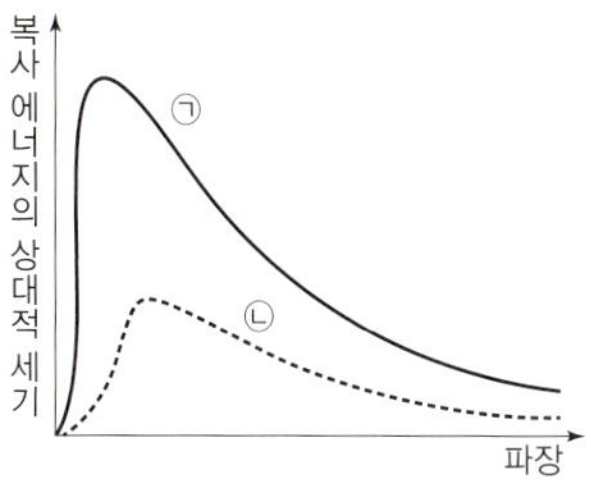

별	광도 (태양=1)	반지름 (태양=1)
A	100	10
B	16	1

이에 대한 설명으로 옳은 것만을 〈보기〉에서 있는 대로 고른 것은? [3점]

보기
ㄱ. 절대 등급은 A가 B보다 크다.
ㄴ. 별의 표면 온도는 A가 B보다 낮다.
ㄷ. 별 A에서 방출하는 복사 에너지의 세기를 파장에 따라 나타낸 것은 ㉠이다.

① ㄱ ② ㄴ ③ ㄱ, ㄷ
④ ㄴ, ㄷ ⑤ ㄱ, ㄴ, ㄷ

[24918-0069] ○ △ ✕

9 그림 (가)와 (나)는 초기 우주에서 우주의 크기와 우주의 지평선 크기의 변화를 나타낸 것이다.

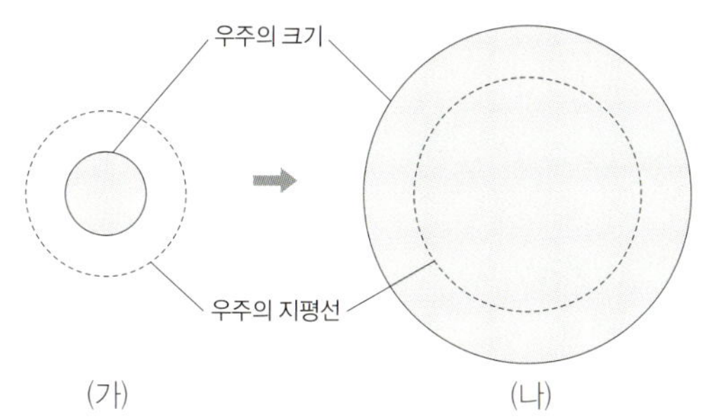

이에 대한 설명으로 옳은 것만을 〈보기〉에서 있는 대로 고른 것은?

보기
ㄱ. (가)일 때 중성 원자가 생성되었다.
ㄴ. (나)일 때 우주는 전체적으로 상호 작용할 수 있었다.
ㄷ. 이 기간 동안 우주는 빛보다 빠르게 팽창한 시기가 있었다.

① ㄱ ② ㄴ ③ ㄷ
④ ㄱ, ㄷ ⑤ ㄴ, ㄷ

[24918-0070] ○ △ ✕

10 그림 (가)는 별의 표면에서 기체 압력 차에 의한 힘과 중력의 평형 관계를, (나)는 어느 별의 진화 경로를 나타낸 것이다.

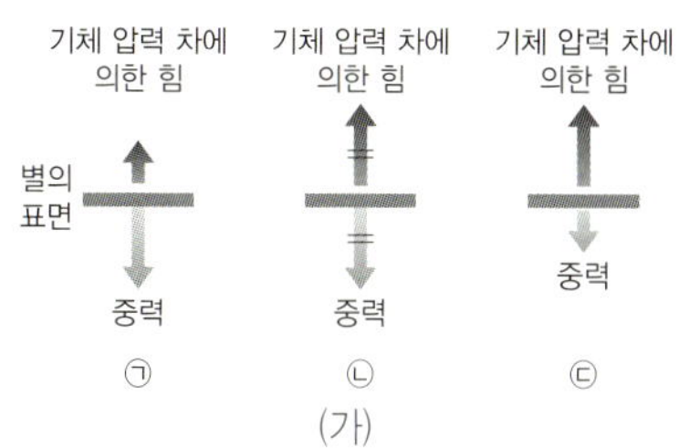

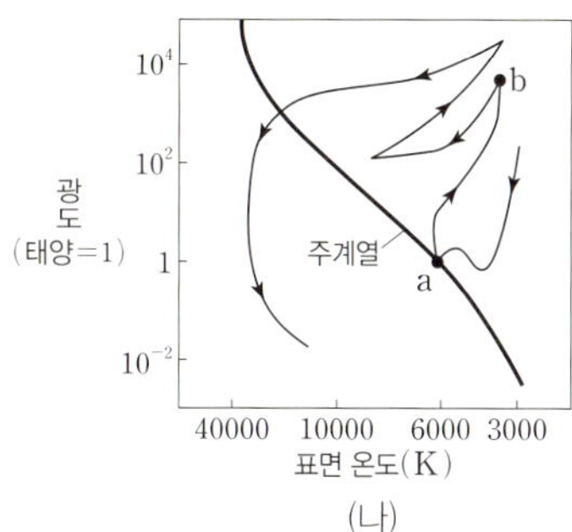

이에 대한 설명으로 옳은 것만을 〈보기〉에서 있는 대로 고른 것은? (단, (가)에서 화살표의 길이는 힘의 크기를 나타낸다.)

보기
ㄱ. ㉠일 때 별의 반지름은 작아진다.
ㄴ. ㉡은 정역학 평형 상태에 해당한다.
ㄷ. (나)의 a → b 과정에서 별은 (가)의 ㉢ 상태에 있다.

① ㄱ ② ㄴ ③ ㄱ, ㄷ
④ ㄴ, ㄷ ⑤ ㄱ, ㄴ, ㄷ

08_회 미니모의고사

○ 알고 맞힘   /10   △ 헷갈림   /10   ✕ 모르고 틀림   /10

[24918-0071] ○ △ ✕

1 그림 (가)는 하와이 열도와 엠퍼러 해산군의 분포와 연령을, (나)는 화산섬 **A**로부터의 거리에 따른 화산섬 및 해산의 나이를 나타낸 것이다.

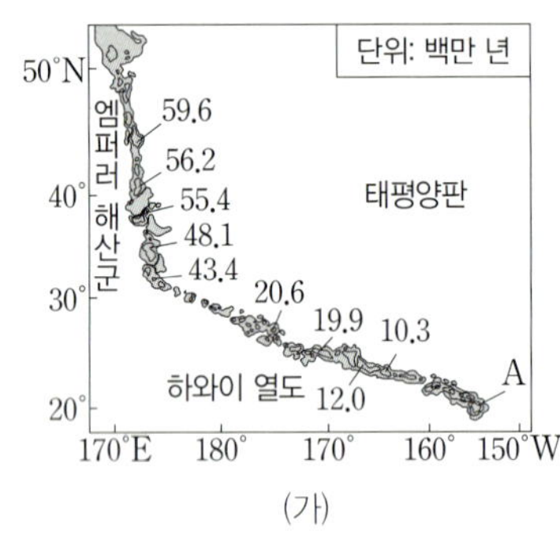

(가)

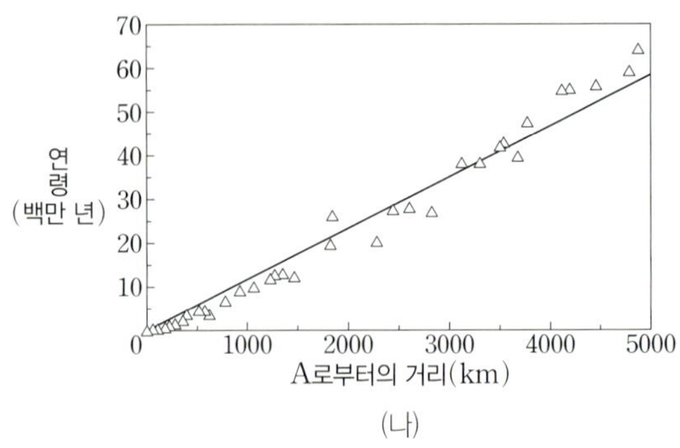

(나)

이 자료에 대한 설명으로 옳은 것만을 〈보기〉에서 있는 대로 고른 것은?

[3점]

> **보기**
> ㄱ. 현재 화산 활동은 A에서 일어난다.
> ㄴ. 약 43.4백만 년 전 무렵에 판의 이동 방향이 시계 방향으로 변했다.
> ㄷ. 최근 43.4백만 년 동안 태평양판의 평균 이동 속도는 10 cm/년보다 크다.

① ㄱ   ② ㄷ   ③ ㄱ, ㄴ
④ ㄴ, ㄷ   ⑤ ㄱ, ㄴ, ㄷ

[24918-0072] ○ △ ✕

2 그림은 어느 지역의 판의 경계 부근에서 발생한 지진의 진앙 분포와 화산 활동이 일어나는 장소 **A**, **B**의 위치를 나타낸 것이다.

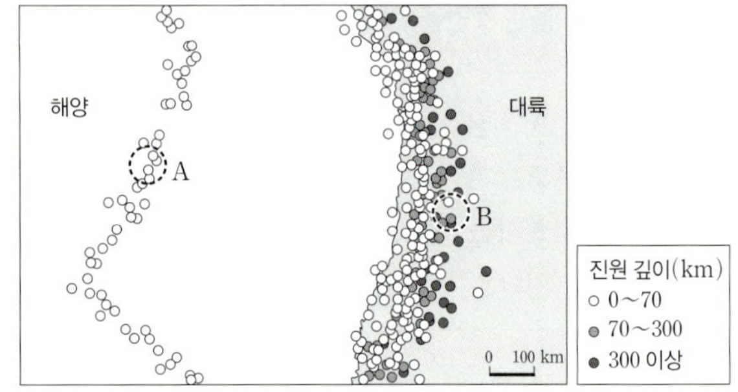

이에 대한 설명으로 옳은 것만을 〈보기〉에서 있는 대로 고른 것은?

> **보기**
> ㄱ. A는 맨틀 대류의 상승부에 위치한다.
> ㄴ. B의 하부에서는 주로 해양 지각이 부분 용융되어 마그마가 생성된다.
> ㄷ. 안산암질 마그마의 분출에 의한 화산 활동이 일어날 가능성은 A가 B보다 크다.

① ㄱ   ② ㄷ   ③ ㄱ, ㄴ
④ ㄴ, ㄷ   ⑤ ㄱ, ㄴ, ㄷ

---

3 [24918-0073] ○ △ ✕

그림은 어느 지역의 지질 단면과 지층에서 산출되는 화석을 나타낸 것이다.

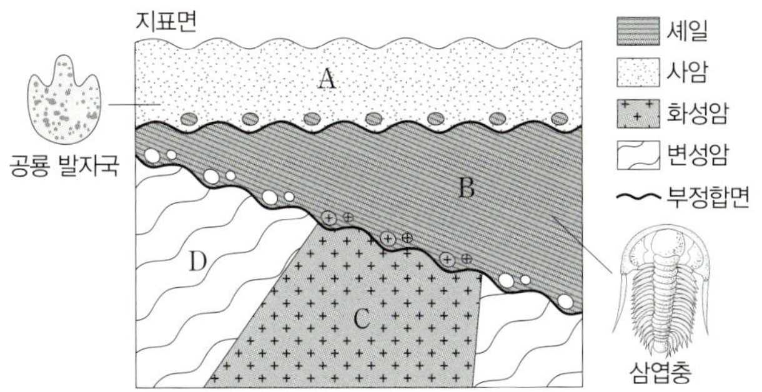

이에 대한 설명으로 옳지 <u>않은</u> 것은? [3점]

① A는 중생대 지층이다.
② B는 고생대 지층이다.
③ B가 퇴적되기 전에 C와 D가 침식되었다.
④ 가장 먼저 생성된 암석은 D이다.
⑤ 이 지역에 나타나는 2개의 부정합면 모두는 경사 부정합면이다.

4 [24918-0074] ○ △ ✕

그림은 어느 날 온대 저기압이 우리나라 부근을 통과하는 동안 우리나라의 두 관측소 (가)와 (나)에서 관측한 **1일 풍향 빈도**를 나타낸 것이다. (가)와 (나)는 동일 경도상에 위치한다. 온대 저기압에 동반된 한랭 전선과 온난 전선은 (가)와 (나) 중에서 한 관측소만 통과하였다.

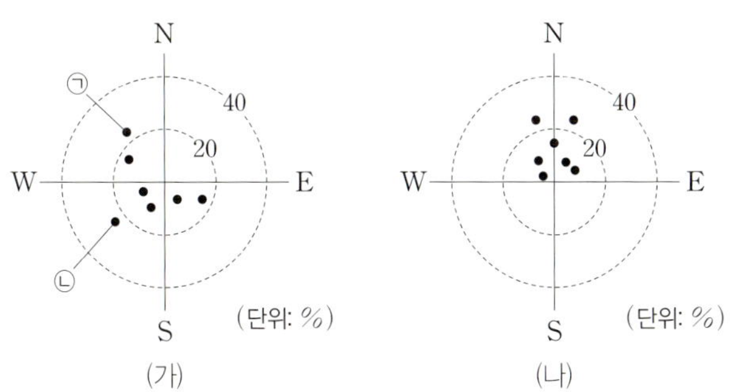

이에 대한 설명으로 옳은 것만을 〈보기〉에서 있는 대로 고른 것은? [3점]

> 보기
> ㄱ. (가)는 (나)보다 남쪽에 위치한다.
> ㄴ. (가)에서 기온은 ㉠보다 ㉡을 관측한 시각에 높았을 것이다.
> ㄷ. (나)에서 하루 동안 풍향은 대체로 시계 방향으로 바뀌었을 것이다.

① ㄱ   ② ㄴ   ③ ㄷ
④ ㄱ, ㄴ   ⑤ ㄱ, ㄷ

5 [24918-0075] ○ △ ✕

그림 (가)는 동해의 관측 지점을, (나)는 (가)의 관측 지점에서 측정한 연직 수온 분포를, (다)는 (가)의 관측 지점에서 측정한 연직 염분 분포와 연직 용존 산소량 분포를 a와 b로 순서 없이 나타낸 것이다. ㉠, ㉡, ㉢ 중 한 지점에서는 서로 성질이 다른 해류가 만난다.

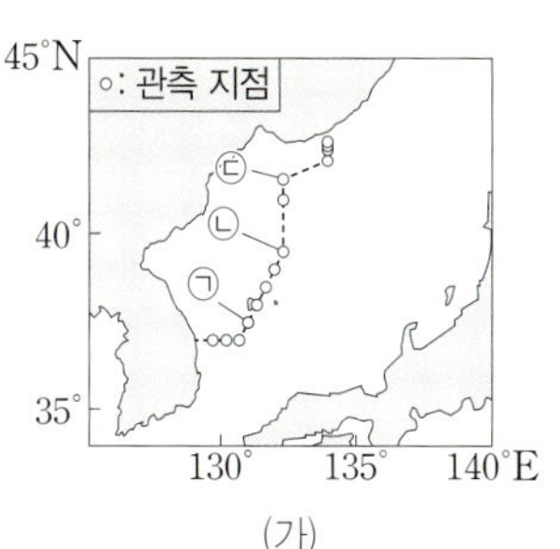

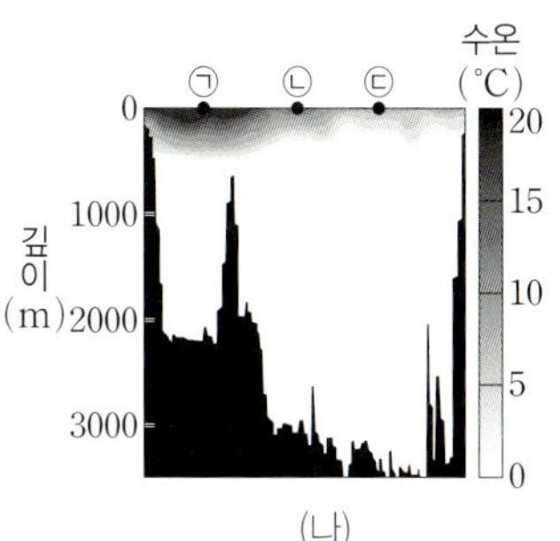

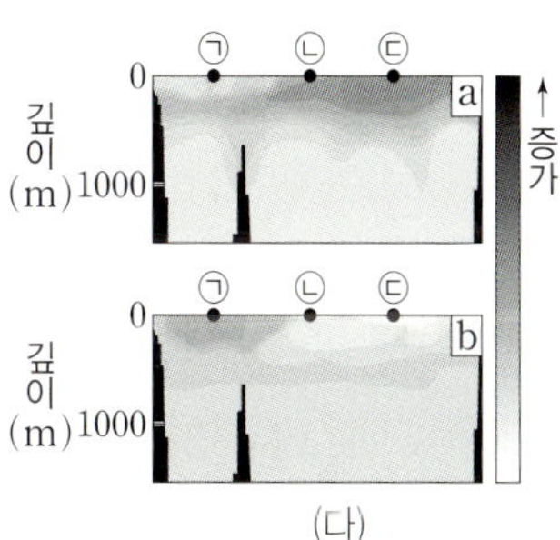

이에 대한 설명으로 옳은 것만을 〈보기〉에서 있는 대로 고른 것은? [3점]

> 보기
> ㄱ. a는 용존 산소량 분포이다.
> ㄴ. 수온 약층은 ㉢ 지점보다 ㉠ 지점에서 뚜렷하게 나타난다.
> ㄷ. ㉡ 지점 부근에서 서로 성질이 다른 해류가 만난다.

① ㄱ   ② ㄷ   ③ ㄱ, ㄴ
④ ㄴ, ㄷ   ⑤ ㄱ, ㄴ, ㄷ

[24918-0076] ○ △ ✕

6 그림 (가)는 1900년~2010년 동안 기온 모델을 적용한 지구의 기온 편차 ㉠, ㉡과 실제 기온 변화를, (나)는 같은 기간 동안 지구의 평균 해수면 편차를 나타낸 것이다. 지구 내적 요인 중 ㉠과 ㉡은 각각 자연적 요인만을 고려한 경우와 자연적 요인과 인위적 요인을 모두 고려한 경우 중 하나이다.

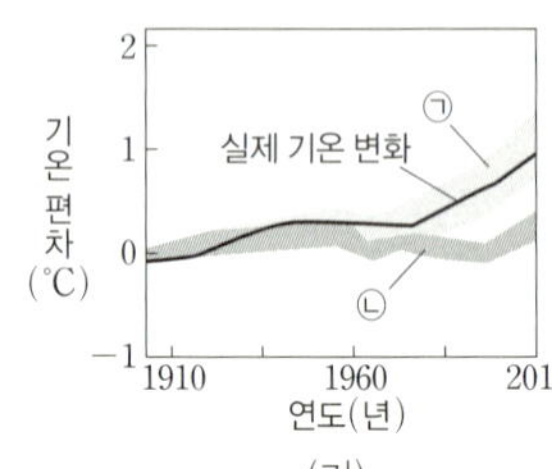
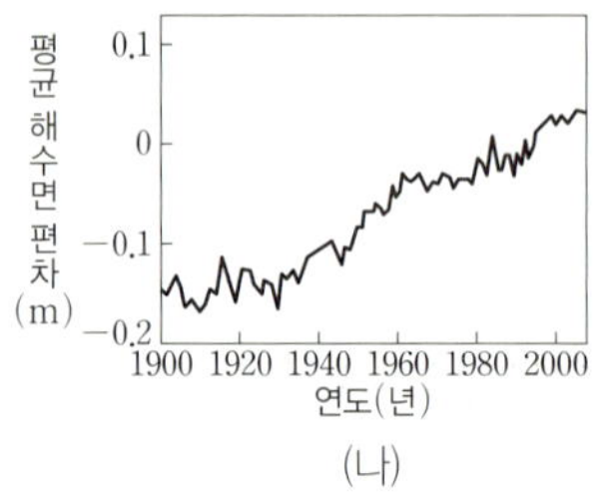

(가)

(나)

이에 대한 설명으로 옳은 것만을 〈보기〉에서 있는 대로 고른 것은?

┌─ 보기 ┌
ㄱ. 지구 내적 요인 중 자연적 요인과 인위적 요인을 모두 고려한 경우는 ㉠이다.
ㄴ. 인위적 요인에 의한 지구 온난화는 1960년 이전보다 이후에 더 크다.
ㄷ. 대륙 빙하의 면적은 1920년이 2000년보다 좁았을 것이다.

① ㄱ　　　　② ㄷ　　　　③ ㄱ, ㄴ
④ ㄴ, ㄷ　　　⑤ ㄱ, ㄴ, ㄷ

[24918-0077] ○ △ ✕

7 그림은 별의 스펙트럼에서 나타난 흡수선의 상대적 세기를 별의 분광형에 따라 나타낸 것이고, 표는 주계열성 a, b, c의 분광형을 나타낸 것이다.

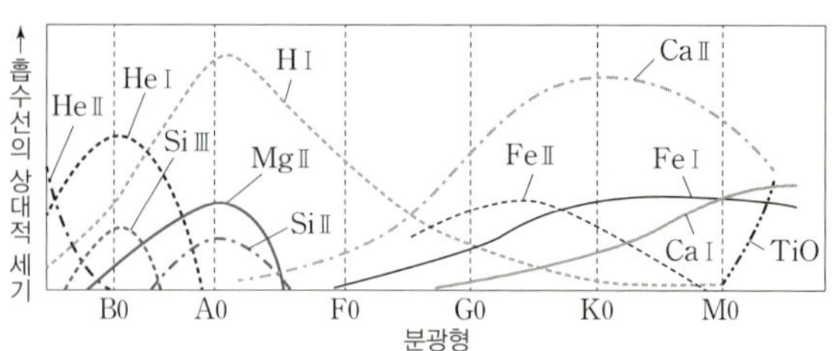

별	a	b	c
분광형	A0	G2	G8

이에 대한 설명으로 옳은 것만을 〈보기〉에서 있는 대로 고른 것은?

┌─ 보기 ┌
ㄱ. a, b, c 중 H I 흡수선은 a에서 가장 강하게 나타난다.
ㄴ. Ca II 흡수선의 세기는 b보다 c에서 강하게 나타난다.
ㄷ. 표면 온도가 높은 별에서 분자 흡수선이 강하게 나타난다.

① ㄱ　　　　② ㄷ　　　　③ ㄱ, ㄴ
④ ㄴ, ㄷ　　　⑤ ㄱ, ㄴ, ㄷ

[24918-0078] ○ △ ✕

8 그림 (가)와 (나)는 질량이 태양 정도인 별이 진화하는 과정에서 나타나는 내부 구조를 순서 없이 나타낸 것이다.

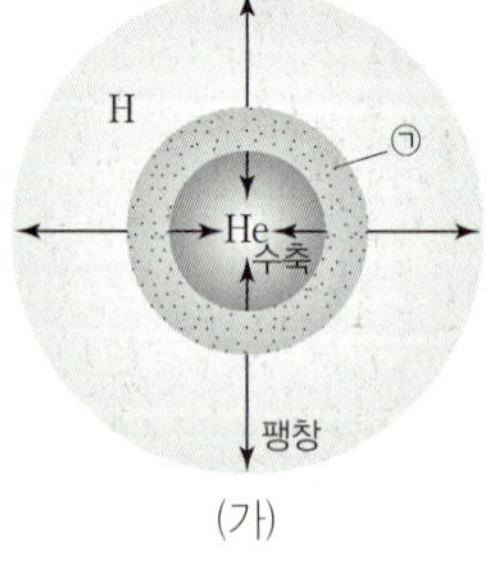
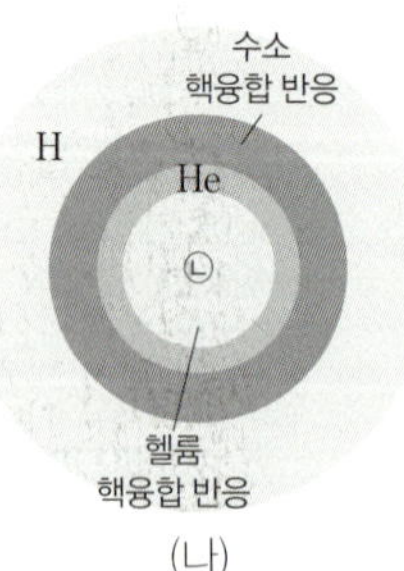

(가)　　　　(나)

이에 대한 설명으로 옳은 것만을 〈보기〉에서 있는 대로 고른 것은?

┌─ 보기 ┌
ㄱ. 주계열 단계가 끝난 직후에 나타나는 내부 구조는 (나)와 같다.
ㄴ. ㉠에서는 수소 핵융합 반응이 일어난다.
ㄷ. ㉡에서는 탄소가 생성되고 있다.

① ㄱ　　　　② ㄴ　　　　③ ㄱ, ㄷ
④ ㄴ, ㄷ　　　⑤ ㄱ, ㄴ, ㄷ

[24918-0079] ○ △ ✕

9 다음은 은하 A, B, C에 대한 설명이다. A, B, C는 허블 법칙을 만족한다.

- 우리은하, A, B, C는 일직선상에 위치하며, 우리은하를 기준으로 두 은하는 다른 한 은하와 반대 방향에 위치한다.
- B와 C 사이의 거리는 A와 B 사이의 거리보다 멀다.
- 우리은하에서 A까지의 거리는 30 Mpc이다.
- C의 스펙트럼에서 500 nm의 기준 파장을 갖는 흡수선이 507 nm로 관측되었다.
- 만약 C에서 B를 관측한다면, B는 3500 km/s의 속도로 멀어질 것이다.

이에 대한 설명으로 옳은 것만을 〈보기〉에서 있는 대로 고른 것은? (단, 허블 상수는 70 km/s/Mpc, 빛의 속도는 3×10^5 km/s이다.) [3점]

┌ 보기 ┐
ㄱ. A의 스펙트럼에서 500 nm의 기준 파장을 갖는 흡수선은 503.5 nm로 관측된다.
ㄴ. 가장 빠른 속도로 멀어지는 것은 B이다.
ㄷ. C에서 A를 관측한다면, A는 2100 km/s의 속도로 멀어질 것이다.
└──────┘

① ㄱ ② ㄷ ③ ㄱ, ㄴ
④ ㄴ, ㄷ ⑤ ㄱ, ㄴ, ㄷ

[24918-0080] ○ △ ✕

10 그림은 빅뱅 이후 우주의 팽창 속도 변화를 추정하여 나타낸 것이다.

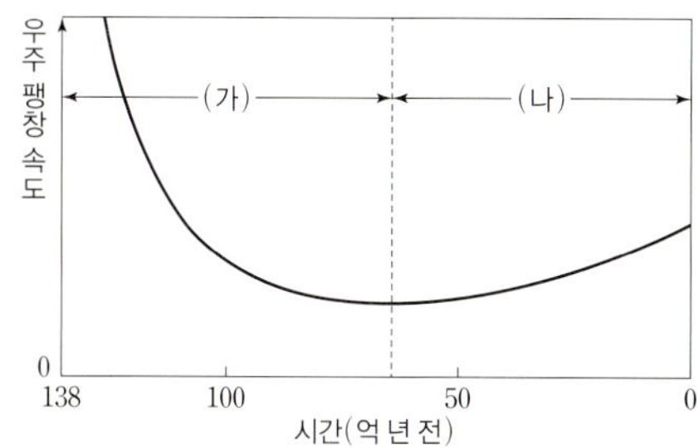

이에 대한 설명으로 옳은 것만을 〈보기〉에서 있는 대로 고른 것은?

┌ 보기 ┐
ㄱ. (가) 시기에 우주는 수축하였다.
ㄴ. (나) 시기에 우주는 가속 팽창하였다.
ㄷ. 빅뱅 이후 단위 시간 동안 우주의 크기 변화가 0인 시기가 있었다.
└──────┘

① ㄱ ② ㄴ ③ ㄱ, ㄷ
④ ㄴ, ㄷ ⑤ ㄱ, ㄴ, ㄷ

09회 미니모의고사

EBS 수능특강 **Q** 미니모의고사 **지구과학 I**

○ 알고 맞힘 /10   △ 헷갈림 /10   ✕ 모르고 틀림 /10

[24918-0081] ○ △ ✕

1 그림은 북아메리카 대륙과 유럽 대륙에 분포하는 산맥에 대해 학생들이 대화하는 모습이다.

제시한 내용이 옳은 학생만을 있는 대로 고른 것은?

① A ② B ③ A, C
④ B, C ⑤ A, B, C

[24918-0082] ○ △ ✕

2 그림은 인접한 지역 (가), (나), (다)의 지층과 산출되는 화석을 나타낸 것이다.

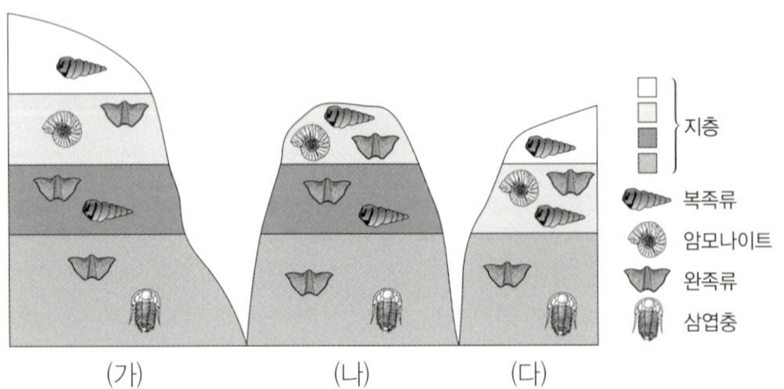

이에 대한 해석으로 옳지 <u>않은</u> 것은? [3점]

① (가), (나) 중에서 가장 새로운 지층은 (가)에 분포한다.
② (다)에는 부정합이 있다.
③ (가), (나), (다) 모두에서 가장 오래된 지층은 고생대 지층이다.
④ 암모나이트는 복족류보다 표준 화석으로 적합하다.
⑤ 완족류는 고생대 말에 멸종했다.

[24918-0083] ○ △ ✕

3 그림은 주요 열점의 위치와 열점에 의한 화산 활동 흔적의 분포를 나타낸 것이다.

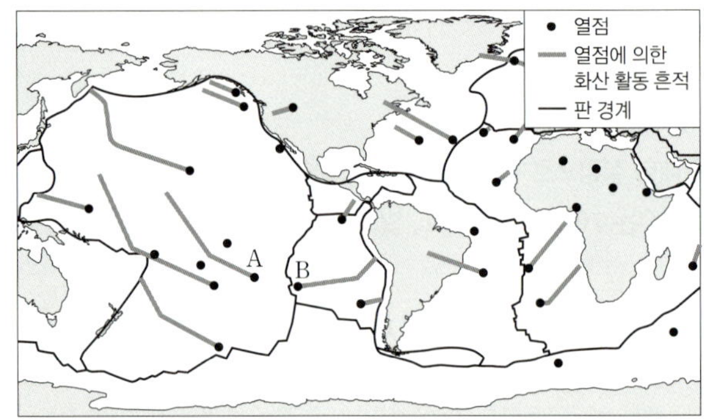

이에 대한 설명으로 옳은 것만을 〈보기〉에서 있는 대로 고른 것은?

┌ 보기 ┐
ㄱ. 열점은 해양에만 분포한다.
ㄴ. 열점에 의한 화산 활동 흔적의 분포를 통해 판의 이동 방향을 추정할 수 있다.
ㄷ. A 지점과 B 지점 사이에는 발산형 경계가 있다.

① ㄱ ② ㄴ ③ ㄱ, ㄷ
④ ㄴ, ㄷ ⑤ ㄱ, ㄴ, ㄷ

[24918-0084]

4 그림 (가)와 (나)는 온난 전선과 한랭 전선이 어느 지역을 통과할 때 관측한 기온과 기압을 순서 없이 나타낸 것이다.

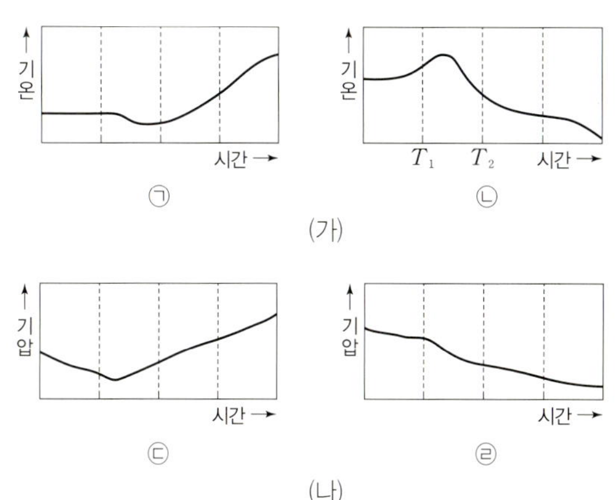

이 자료를 통해 추론한 내용으로 옳은 것만을 〈보기〉에서 있는 대로 고른 것은? [3점]

보기
ㄱ. ㉠과 동시에 관측한 기압 자료는 ㉢이다.
ㄴ. ㉡을 관측하는 동안 전선은 T_1~T_2 사이에 통과하였을 것이다.
ㄷ. ㉣을 관측하였을 때 비가 내렸다면 소나기가 내렸을 것이다.

① ㄱ　　　　② ㄴ　　　　③ ㄱ, ㄷ
④ ㄴ, ㄷ　　　⑤ ㄱ, ㄴ, ㄷ

[24918-0085]

5 다음은 해수의 수온 연직 분포를 알아보기 위한 실험이다.

[실험 과정]
(가) 소금물을 채운 수조에 깊이를 다르게 하여 5개의 온도계를 설치하고 수온을 측정한다.
(나) 수조 위 20 cm 높이에 전등을 켠 후, 온도계의 눈금이 더 이상 변하지 않을 때 수온을 측정한다.
(다) 전등은 켜 두고 물 위에서 선풍기를 켠 후, 온도계의 눈금이 더 이상 변하지 않을 때 수온을 측정한다.

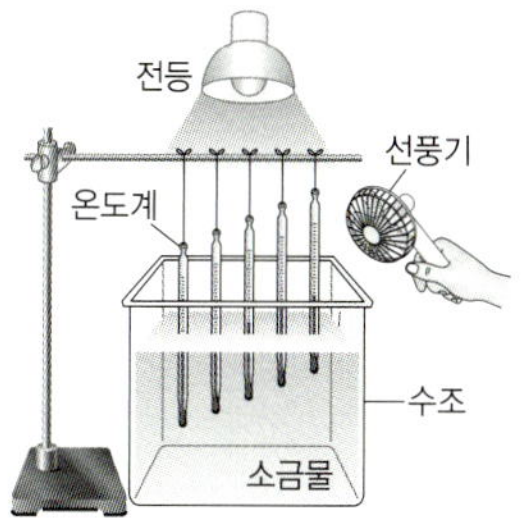

[실험 결과]

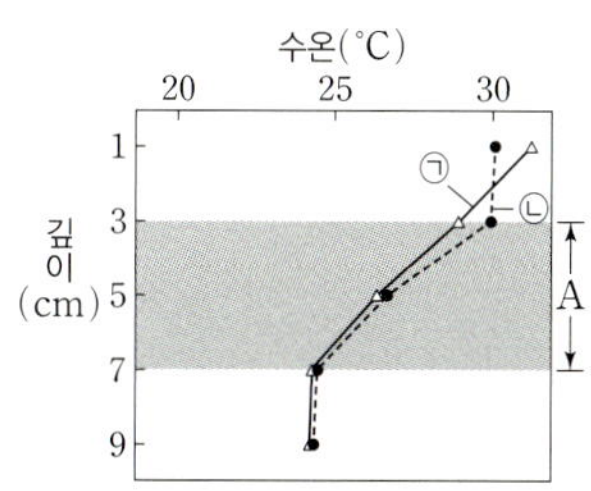

㉠과 ㉡은 각각 실험 과정 (나), (다)의 결과를 순서 없이 나타낸 것이다.

이에 대한 설명으로 옳은 것만을 〈보기〉에서 있는 대로 고른 것은? [3점]

보기
ㄱ. (나)의 결과는 ㉠이다.
ㄴ. 구간 A와 같이 깊이가 깊어질수록 수온이 급격히 변하는 층은 우리나라에서 여름철보다 겨울철에 뚜렷하다.
ㄷ. ㉡에서 깊이에 따른 밀도 변화는 1~3 cm 구간이 3~5 cm 구간보다 크다.

① ㄱ　　　　② ㄴ　　　　③ ㄱ, ㄷ
④ ㄴ, ㄷ　　　⑤ ㄱ, ㄴ, ㄷ

[24918-0086]

6 다음은 난류가 기후에 미치는 영향에 대한 설명이다.

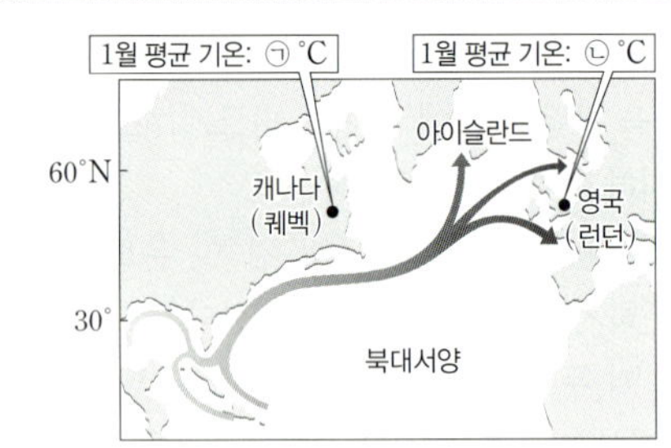

난류는 열에너지를 방출하여 주변 지역의 기후를 상대적으로 온화하게 한다. 비슷한 위도의 런던과 퀘벡 지역의 1월 평균 기온을 비교해 보면 그 영향을 알 수 있다. 난류인 (㉢) 이/가 북상한 후 북대서양 해류로 이어져 런던 지역에 열을 공급하기 때문에 런던은 퀘벡보다 상대적으로 기후가 ( ).

이 자료에 대한 설명으로 옳은 것만을 〈보기〉에서 있는 대로 고른 것은?

┌─ 보기 ┌
ㄱ. ㉠ > ㉡이다.
ㄴ. ㉢은 멕시코 만류이다.
ㄷ. 난류는 저위도의 에너지를 고위도로 수송하는 역할을 한다.
└

① ㄱ   ② ㄴ   ③ ㄱ, ㄷ
④ ㄴ, ㄷ   ⑤ ㄱ, ㄴ, ㄷ

[24918-0087]

7 그림은 서로 다른 두 시기 A와 B의 지구 공전 궤도를 나타낸 것이다.

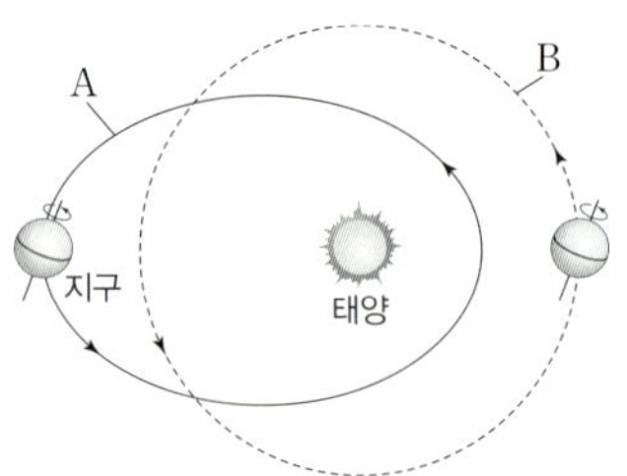

이에 대한 설명으로 옳은 것만을 〈보기〉에서 있는 대로 고른 것은? (단, 지구의 공전 궤도 이심률 변화 이외의 요인은 고려하지 않는다.)

┌─ 보기 ┌
ㄱ. 지구의 공전 궤도 이심률은 A일 때가 B일 때보다 크다.
ㄴ. 우리나라의 기온의 연교차는 A일 때가 B일 때보다 크다.
ㄷ. A 시기에 지구가 근일점에 위치할 때 남반구는 겨울철이다.
└

① ㄱ   ② ㄷ   ③ ㄱ, ㄴ
④ ㄴ, ㄷ   ⑤ ㄱ, ㄴ, ㄷ

[24918-0088]

8 표는 은하 X, Y에서 각각 관측한 우리은하와 은하 Z의 후퇴 속도를 나타낸 것이다. Y에서 관측할 때 우리은하와 X, Z는 동일한 시선 방향에 위치한다. 허블 상수는 $70\ \mathrm{km/s/Mpc}$이고, 빛의 속도는 $3 \times 10^5\ \mathrm{km/s}$이다.

구분	X에서 관측한 은하의 후퇴 속도(km/s)	Y에서 관측한 은하의 후퇴 속도(km/s)
우리은하	4900	2100
Z	3500	3500

이에 대한 설명으로 옳은 것만을 〈보기〉에서 있는 대로 고른 것은? (단, 은하들은 모두 허블 법칙을 따른다.) [3점]

┌─ 보기 ┌
ㄱ. 우리은하로부터의 거리는 X가 Y의 $\dfrac{7}{3}$배이다.
ㄴ. 우리은하에서 관측되는 은하의 후퇴 속도는 Y가 Z보다 느리다.
ㄷ. X에서 Y를 관측할 때 흡수선의 $\left(\dfrac{\text{관측 파장} - \text{고유 파장}}{\text{고유 파장}} \right)$ 은 $\dfrac{7}{300}$이다.
└

① ㄱ   ② ㄴ   ③ ㄱ, ㄷ
④ ㄴ, ㄷ   ⑤ ㄱ, ㄴ, ㄷ

[24918-0089] ○ △ ✕

9 다음은 주계열성의 질량–광도 관계에 대한 설명을, 그림은 주계열성 A, B, 태양을 H–R도에 나타낸 것이다.

주계열성의 질량(M)–광도(L) 관계를 $L \propto M^n$으로 나타낼 때, 질량이 $0.4M_\odot$($M_\odot$: 태양 질량)보다 작은 별은 $n ≒ 2$, 질량이 $0.4M_\odot \sim 20M_\odot$인 별에 대해서는 $n ≒ 4$의 값을 가진다. 한편 별의 주계열 수명(t)은 그 질량에 비례하고, 광도에 반비례한다.

$$t \propto \frac{M}{L}$$

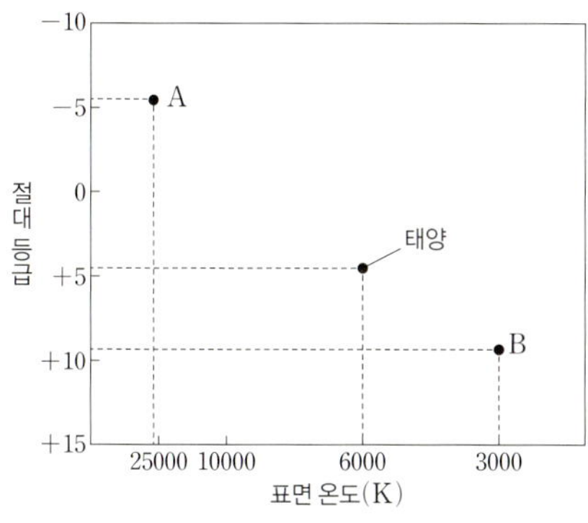

이에 대한 설명으로 옳은 것만을 〈보기〉에서 있는 대로 고른 것은? (단, 태양의 수명은 약 1×10^{10}년이다.) [3점]

보기
ㄱ. 질량은 A가 태양보다 약 10배 크다.
ㄴ. 반지름은 태양이 B보다 약 2.5배 크다.
ㄷ. 태양 광도의 16배인 별의 주계열 수명은 약 1.25×10^9년이다.

① ㄱ   ② ㄷ   ③ ㄱ, ㄴ
④ ㄴ, ㄷ   ⑤ ㄱ, ㄴ, ㄷ

[24918-0090] ○ △ ✕

10 그림은 빅뱅 이후 현재까지 주요 사건들을 나타낸 것이다.

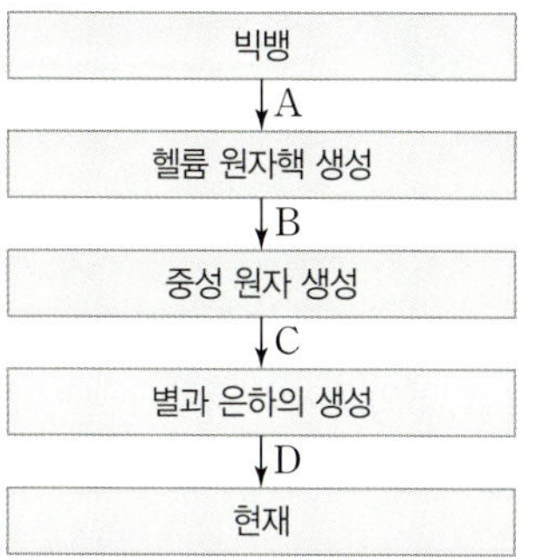

이에 대한 설명으로 옳은 것만을 〈보기〉에서 있는 대로 고른 것은?

보기
ㄱ. 급팽창 이론에서는 A 기간에 우주가 빛보다 빠르게 팽창한 적이 있다.
ㄴ. A 기간은 B 기간보다 길다.
ㄷ. 우주 구성 요소 중 $\dfrac{(\text{암흑 물질} + \text{보통 물질})의 밀도}{\text{암흑 에너지의 밀도}}$ 값은 C 시기가 D 시기보다 크다.

① ㄱ   ② ㄴ   ③ ㄱ, ㄷ
④ ㄴ, ㄷ   ⑤ ㄱ, ㄴ, ㄷ

10회 미니모의고사

EBS 수능특강 Q 미니모의고사 **지구과학I**

○ 알고 맞힘 /10   △ 헷갈림 /10   ✕ 모르고 틀림 /10

[24918-0091] ○ △ ✕

1 그림은 해양판 A, B의 경계와 지점 ㉠~㉤의 위치를, 표는 ㉠~㉤ 지점에서 음향 측심한 결과를 나타낸 것이다.

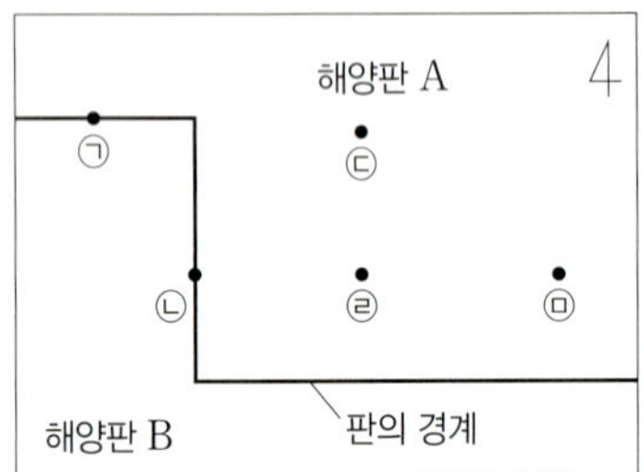

지점	음파 왕복 시간(초)
㉠	4.0
㉡	4.4
㉢	5.2
㉣	4.4
㉤	4.4

이에 대한 설명으로 옳은 것만을 〈보기〉에서 있는 대로 고른 것은?

> **보기**
> ㄱ. ㉠~㉤ 중 수심은 ㉠에서 가장 얕다.
> ㄴ. ㉡에서는 새로운 해양 지각이 생성된다.
> ㄷ. 해양 지각의 나이는 ㉢보다 ㉤에서 많다.

① ㄱ   ② ㄷ   ③ ㄱ, ㄴ
④ ㄱ, ㄷ   ⑤ ㄴ, ㄷ

[24918-0092] ○ △ ✕

2 그림은 판의 경계와 이동 방향을 모식적으로 나타낸 것이다.

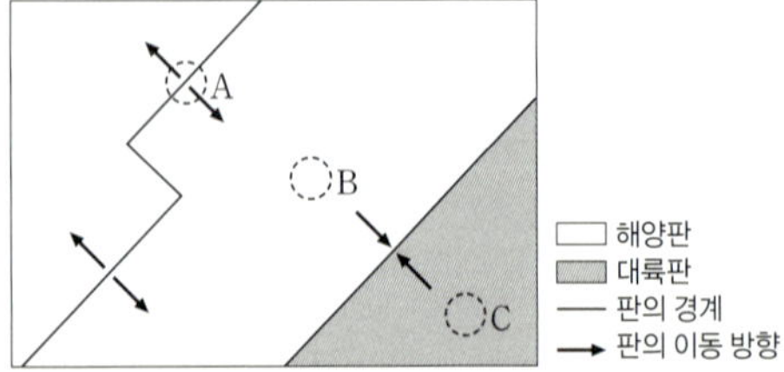

이에 대한 설명으로 옳은 것만을 〈보기〉에서 있는 대로 고른 것은?

> **보기**
> ㄱ. A에서는 판을 밀어내는 힘이 작용한다.
> ㄴ. B와 C 사이에서는 맨틀 대류의 하강이 일어난다.
> ㄷ. C의 하부에서는 B가 속한 판을 섭입대 쪽으로 잡아당기는 힘이 작용한다.

① ㄱ   ② ㄴ   ③ ㄱ, ㄷ
④ ㄴ, ㄷ   ⑤ ㄱ, ㄴ, ㄷ

[24918-0093] ○ △ ✕

3 그림 (가)와 (나)는 화성암을 구성하고 있는 어느 광물이 정출되고 2억 년 후와 4억 년 후 광물 속의 방사성 동위 원소 X와 그 자원소의 구성 비율을 순서 없이 나타낸 것이다.

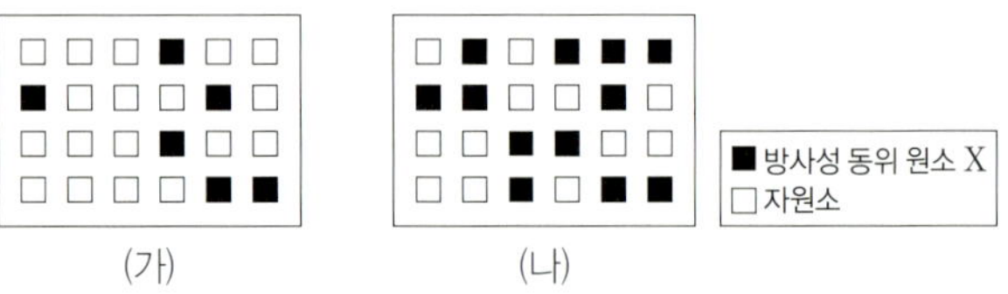

이에 대한 설명으로 옳은 것만을 〈보기〉에서 있는 대로 고른 것은? (단, 화성암 생성 당시에 방사성 동위 원소 X의 함량이 100 %이고, 자원소는 안정하다고 가정한다.)

> **보기**
> ㄱ. (가)는 광물이 정출되고 4억 년 후이다.
> ㄴ. 방사성 동위 원소 X의 반감기는 1억 년이다.
> ㄷ. 광물이 정출되고 6억 년 후에 방사성 동위 원소 X의 함량은 처음의 $\frac{1}{7}$이다.

① ㄱ   ② ㄴ   ③ ㄷ
④ ㄱ, ㄴ   ⑤ ㄴ, ㄷ

---

4 [24918-0094]

그림 (가)는 어느 해 8월 27일 우리나라 주변 해역의 표층 수온 분포를, (나)는 (가)의 A 지점에서 이 해 8월 23일부터 27일까지 측정한 해면 기압, 표층 수온, 10 m 높이에서의 풍속을 ㉠, ㉡, ㉢으로 순서 없이 나타낸 것이다. 이 해 8월 24일부터 27일 사이에 우리나라는 태풍의 영향을 받았다.

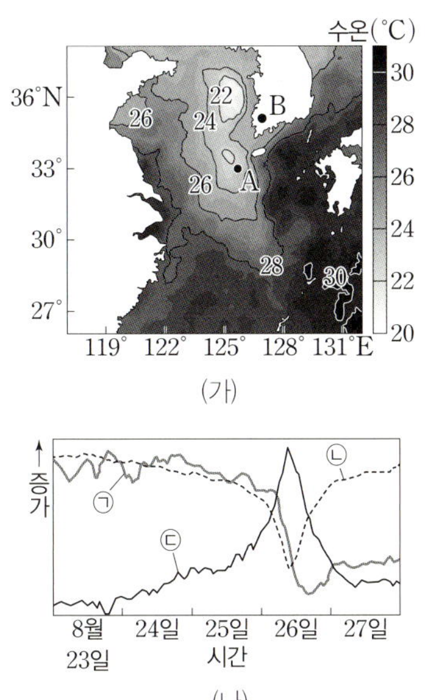

(가)

(나)

이에 대한 설명으로 옳은 것만을 〈보기〉에서 있는 대로 고른 것은? [3점]

보기
ㄱ. ㉠은 표층 수온이다.
ㄴ. A 지점에서 혼합층의 두께는 25일보다 26일에 두껍다.
ㄷ. 이 태풍이 통과하는 동안 B 지점은 안전 반원에 위치하였다.

① ㄱ ② ㄷ ③ ㄱ, ㄴ
④ ㄴ, ㄷ ⑤ ㄱ, ㄴ, ㄷ

5 [24918-0095]

그림은 북태평양 어느 해역에서 월별 수심에 따른 수온 분포를 나타낸 것이다.

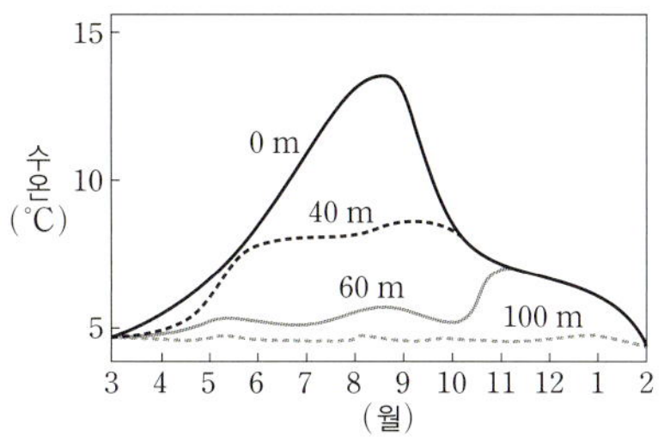

이 자료에 대한 설명으로 옳은 것만을 〈보기〉에서 있는 대로 고른 것은?

보기
ㄱ. 혼합층의 평균 두께는 8월보다 2월에 두껍다.
ㄴ. 표층~수심 40 m 사이 해수의 연직 운동은 12월보다 8월에 활발하다.
ㄷ. 수온만을 고려할 때, 표층 용존 산소량은 2월에 가장 적다.

① ㄱ ② ㄴ ③ ㄱ, ㄷ
④ ㄴ, ㄷ ⑤ ㄱ, ㄴ, ㄷ

6 [24918-0096]

그림 (가)와 (나)는 남반구에서 해안을 따라 바람이 지속적으로 불 때 해수의 이동 방향(➡)을, (다)는 남반구에 위치한 어느 대륙 서해안의 표층 영양염의 농도를 나타낸 것이다.

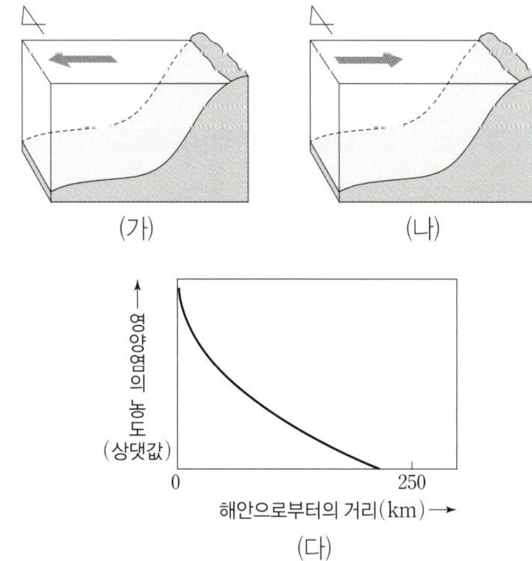

(가) (나)

(다)

이에 대한 설명으로 옳은 것만을 〈보기〉에서 있는 대로 고른 것은? [3점]

보기
ㄱ. (가)에서는 남풍, (나)에서는 북풍이 분다.
ㄴ. 연안에서 해수의 침강이 일어나는 경우는 (나)이다.
ㄷ. (다)의 분포는 (나)보다 (가)일 때 잘 나타난다.

① ㄱ ② ㄴ ③ ㄱ, ㄷ
④ ㄴ, ㄷ ⑤ ㄱ, ㄴ, ㄷ

7 그림 (가)는 현재의 지구 공전 궤도를, (나)는 지구 자전축 경사각이 23.5°일 때와 경사각이 23.5°와 다를 때에 세차 운동에 의한 지구 북극의 이동 궤도를 A와 B로 나타낸 것이다. 현재 근일점에서 북극의 위치는 ㉠이다.

[24918-0097]

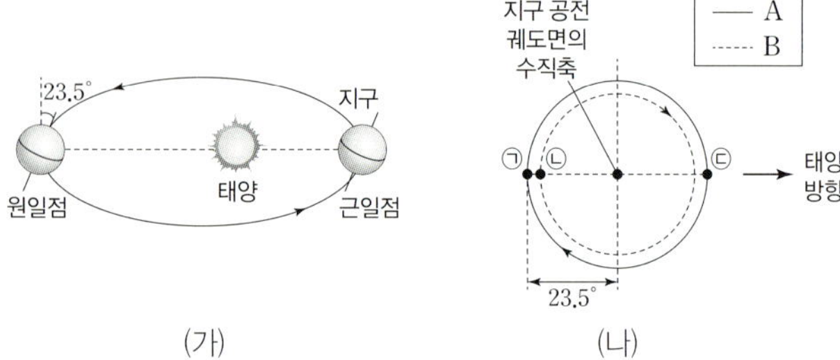

이에 대한 설명으로 옳은 것만을 〈보기〉에서 있는 대로 고른 것은? (단, 지구 자전축 경사각의 변화와 세차 운동 이외의 요인은 고려하지 않는다.) [3점]

> **보기**
> ㄱ. 지구의 연평균 기온은 A일 때보다 B일 때 높다.
> ㄴ. 북반구 여름철의 평균 기온은 북극이 ㉠에 위치할 때보다 ㉡에 위치할 때 낮다.
> ㄷ. 남반구 중위도 지역의 기온의 연교차는 북극이 ㉠에 위치할 때보다 ㉢에 위치할 때 크다.

① ㄱ   ② ㄴ   ③ ㄱ, ㄷ
④ ㄴ, ㄷ   ⑤ ㄱ, ㄴ, ㄷ

---

8 그림 (가)는 별 a, b, c와 태양을 H – R도에 나타낸 것이고, (나)는 a, b, c 중 어느 한 별의 파장에 따른 복사 에너지의 상대적 세기를 나타낸 것으로, 이 별의 반지름은 태양 반지름의 40배이다.

[24918-0098]

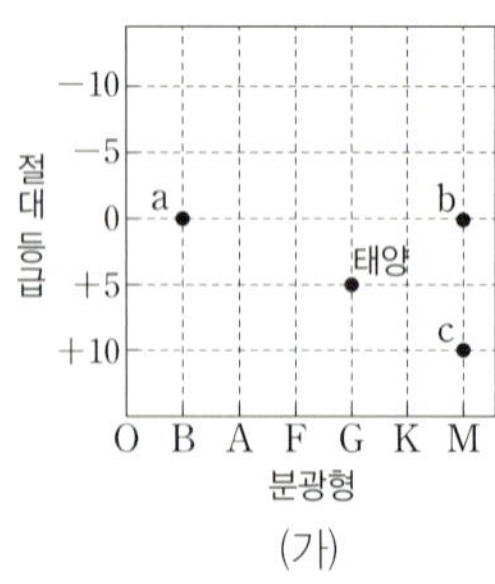

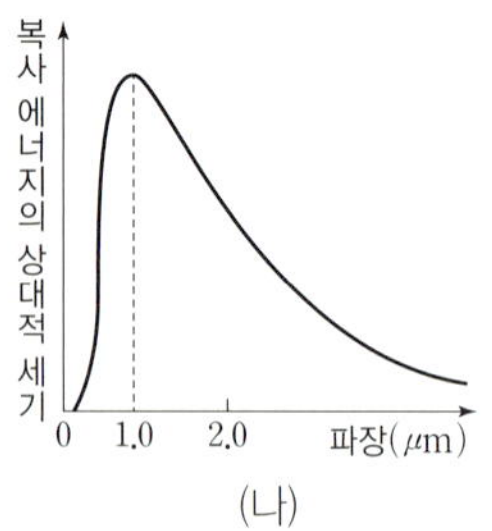

이에 대한 설명으로 옳은 것만을 〈보기〉에서 있는 대로 고른 것은? (단, 태양이 최대 복사 에너지를 방출하는 파장은 0.5 μm이다.)

> **보기**
> ㄱ. a는 b보다 광도가 크다.
> ㄴ. a, b, c 중 반지름이 가장 큰 별은 c이다.
> ㄷ. (나)는 b의 파장에 따른 복사 에너지의 세기이다.

① ㄱ   ② ㄷ   ③ ㄱ, ㄴ
④ ㄴ, ㄷ   ⑤ ㄱ, ㄴ, ㄷ

---

9 표는 서로 다른 종류의 특이 은하 (가)와 (나)의 특징을 나타낸 것이다. (가)와 (나) 중 하나는 전파 은하이고, 다른 하나는 세이퍼트은하이다.

[24918-0099]

구분	(가)	(나)
허블의 은하 분류	E0	Sa
질량(kg)	6.0×10^{12}	2.7×10^{11}
절대 등급	−22.2	−21.2
시선 속도(km/s)	+1307	+1137
구조	제트와 로브가 관측됨	밝은 핵이 관측됨

이에 대한 설명으로 옳은 것만을 〈보기〉에서 있는 대로 고른 것은? [3점]

> **보기**
> ㄱ. (가)는 전파 은하이다.
> ㄴ. 적색 편이는 (가)가 (나)보다 크다.
> ㄷ. 은하의 단위 질량당 방출하는 에너지양은 (가)가 (나)보다 많다.

① ㄱ   ② ㄴ   ③ ㄷ
④ ㄱ, ㄴ   ⑤ ㄱ, ㄷ

---

10 그림은 지구에서 우주 배경 복사가 관측된 두 지점 A, B의 위치와 빛이 137억 년 동안 이동할 수 있는 범위를 나타낸 것이다.

[24918-0100]

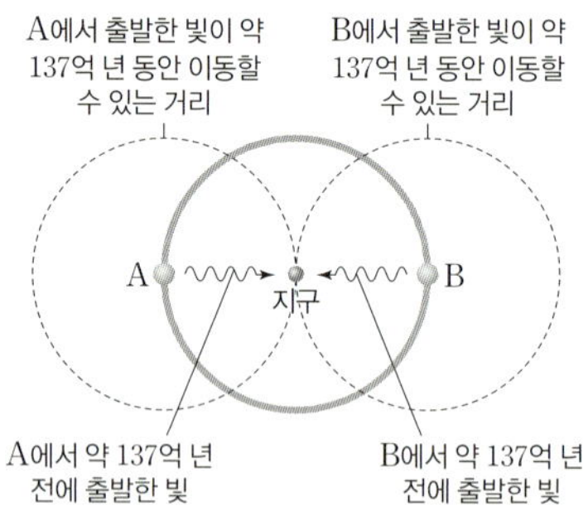

이에 대한 설명으로 옳은 것만을 〈보기〉에서 있는 대로 고른 것은? [3점]

> **보기**
> ㄱ. 지구에서 관측되는 A와 B의 우주 배경 복사는 거의 균일하다.
> ㄴ. 우주 배경 복사가 출발할 당시 A와 B는 상호 작용이 가능했다.
> ㄷ. 약 137억 년 전에 지구가 위치한 지점에서 출발한 우주 배경 복사는 현재 A에 도착할 수 있다.

① ㄱ   ② ㄷ   ③ ㄱ, ㄴ
④ ㄱ, ㄷ   ⑤ ㄴ, ㄷ

11_회 미니모의고사

EBS 수능특강 **Q** 미니모의고사 **지구과학Ⅰ**

○ 알고 맞힘 ___/10   △ 헷갈림 ___/10   ✕ 모르고 틀림 ___/10

[24918-0101] ○ △ ✕

1 그림 (가), (나), (다)는 고생대의 대륙 위치를 시간 순서대로 나타낸 것이다.

(가) 고생대 초기   (나) 고생대 중기   (다) 고생대 말기

이 기간에 대한 설명으로 옳은 것만을 〈보기〉에서 있는 대로 고른 것은?

> ┌ 보기 ┐
> ㄱ. 해안선의 총 길이는 점점 증가하였다.
> ㄴ. 북유럽 대륙의 화성암에 잔류된 고지자기 복각의 크기는 화성암의 연령이 적을수록 크다.
> ㄷ. 남북 방향의 평균 이동 속력은 북아메리카 대륙이 아프리카 대륙보다 느렸다.

① ㄱ   ② ㄷ   ③ ㄱ, ㄴ
④ ㄴ, ㄷ   ⑤ ㄱ, ㄴ, ㄷ

[24918-0102] ○ △ ✕

2 그림 (가)는 어느 두 판의 경계 주변에서 연령이 200만 년인 해양 지각의 위치를, (나)와 (다)는 서로 다른 두 종류의 단층을 나타낸 것이다.

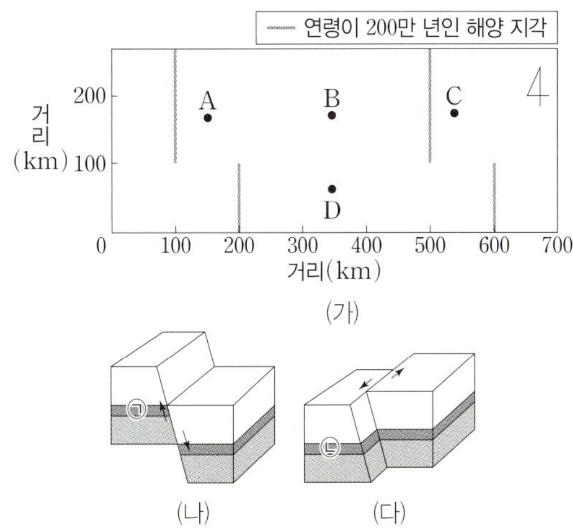

이에 대한 설명으로 옳은 것만을 〈보기〉에서 있는 대로 고른 것은? (단, 해령으로부터 해양 지각이 생성되어 확장되는 속력은 모두 같다.) [3점]

> ┌ 보기 ┐
> ㄱ. (나)가 형성될 가능성은 A와 B 사이보다 B와 C 사이에서 크다.
> ㄴ. (다)가 나타날 가능성은 B와 C 사이보다 B와 D 사이에서 크다.
> ㄷ. ㉠과 ㉡은 모두 하반이나.

① ㄱ   ② ㄴ   ③ ㄷ
④ ㄱ, ㄴ   ⑤ ㄴ, ㄷ

[24918-0103] ○ △ ✕

3 그림은 어느 지역의 암석 분포를 나타낸 것이다. 이 지역의 지층은 역전되지 않았다.

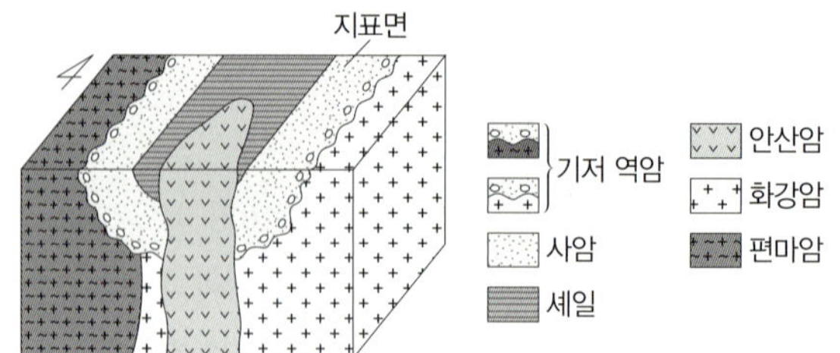

이 지역에 대한 설명으로 옳은 것만을 〈보기〉에서 있는 대로 고른 것은?

> 보기
> ㄱ. 난정합이 존재한다.
> ㄴ. 향사 형태의 습곡 구조가 나타난다.
> ㄷ. 안산암에서는 사암의 조각이 포획되어 산출될 수 있다.

① ㄱ　　　　② ㄴ　　　　③ ㄱ, ㄷ
④ ㄴ, ㄷ　　　⑤ ㄱ, ㄴ, ㄷ

[24918-0104] ○ △ ✕

4 그림은 우리나라 주변의 지상 일기도이다.

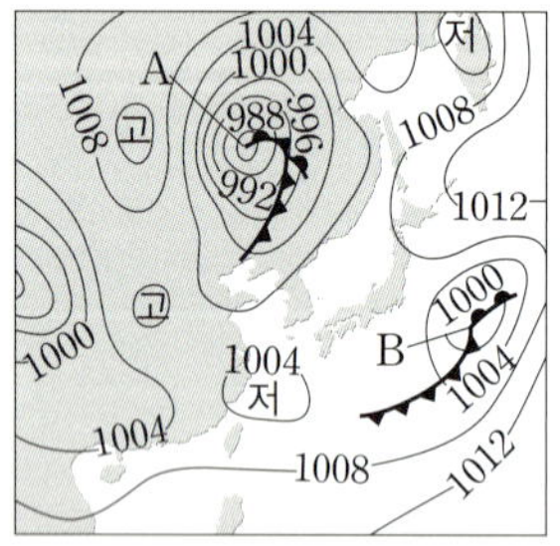

이에 대한 설명으로 옳은 것만을 〈보기〉에서 있는 대로 고른 것은?

> 보기
> ㄱ. 온대 저기압의 발달 과정에서 A는 B보다 나중 단계이다.
> ㄴ. A와 B는 모두 서쪽에서 동쪽으로 이동한다.
> ㄷ. B의 주요 에너지원은 해상에서 공급되는 수증기가 응결하
>   면서 방출하는 숨은열이다.

① ㄱ　　　　② ㄷ　　　　③ ㄱ, ㄴ
④ ㄴ, ㄷ　　　⑤ ㄱ, ㄴ, ㄷ

[24918-0105] ○ △ ✕

5 그림 (가)와 (나)는 각각 동해에서 측정한 수괴 A, B, C의 수온과 염분 분포, 수온과 용존 산소량 분포를 나타낸 것이다. A, B, C는 각각 표층수, 중층수, 심층수 중 하나이다.

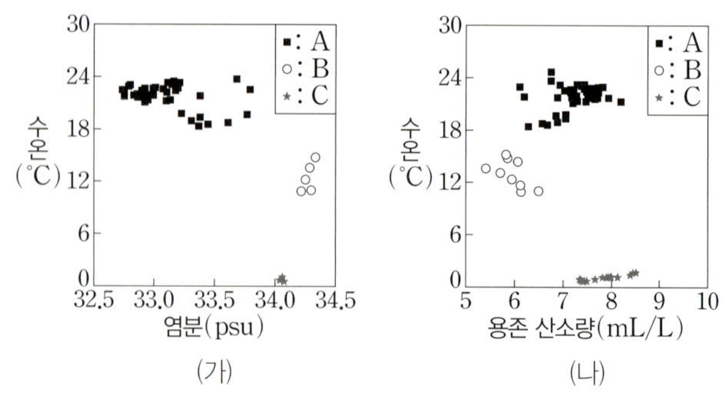

A, B, C에 대한 설명으로 옳은 것만을 〈보기〉에서 있는 대로 고른 것은?

> 보기
> ㄱ. 평균 밀도는 A가 가장 작다.
> ㄴ. C는 심층수에 해당한다.
> ㄷ. 수온이 낮은 수괴일수록 용존 산소량이 많다.

① ㄱ　　　　② ㄷ　　　　③ ㄱ, ㄴ
④ ㄴ, ㄷ　　　⑤ ㄱ, ㄴ, ㄷ

[24918-0106] ○ △ ×

6 그림 (가)는 어느 태풍의 이동 경로를, (나)는 이 태풍의 영향을 받는 동안 A 해역에서의 해수면 높이 변화를 나타낸 것이다. 태풍이 A 해역을 지나 B 해역까지 이동하는 데 걸린 시간은 약 12시간이다.

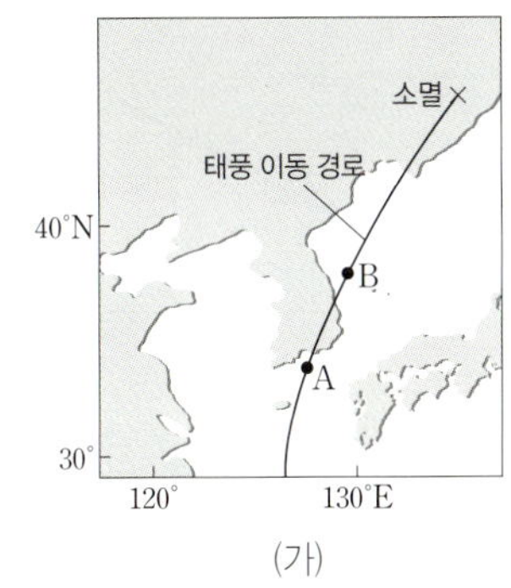

(가)

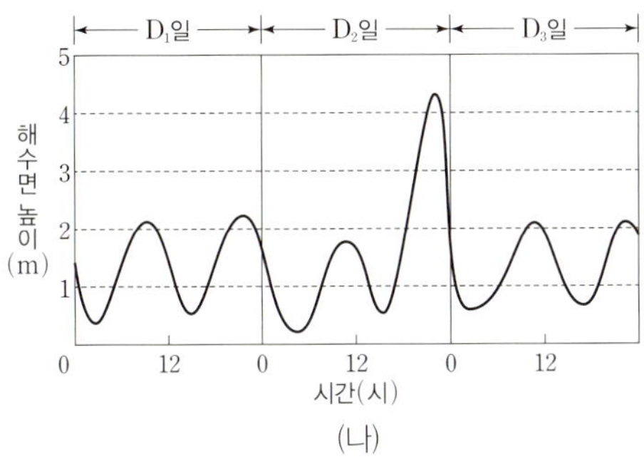

(나)

이에 대한 설명으로 옳은 것만을 〈보기〉에서 있는 대로 고른 것은? [3점]

┌─ 보기 ┌─
ㄱ. 태풍의 중심이 A 해역을 통과한 시기는 D_2일 03시경이다.
ㄴ. B 해역의 해면 기압은 D_3일 12시보다 D_4일 0시에 더 높을 것이다.
ㄷ. 바람 효과만 고려할 때 태풍이 통과한 해역의 표층 수온은 태풍 통과 후가 태풍 통과 전에 비해 낮아진다.

① ㄱ   ② ㄷ   ③ ㄱ, ㄴ
④ ㄴ, ㄷ   ⑤ ㄱ, ㄴ, ㄷ

[24918-0107] ○ △ ×

7 그림은 표층 순환과 심층 순환이 컨베이어 벨트처럼 연결되어 순환하는 모습을 나타낸 것이다. A~D는 순환하는 해류의 이동 경로에 있는 영역이다.

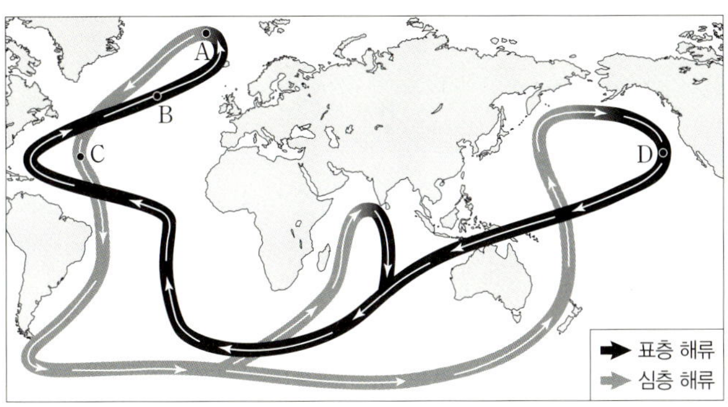

이에 대한 설명으로 옳은 것만을 〈보기〉에서 있는 대로 고른 것은?

┌─ 보기 ┌─
ㄱ. A에서 해수의 침강 속도가 증가하면 B를 통과하는 표층 해류의 유속이 감소한다.
ㄴ. A에서 C로 이동하는 해수는 북대서양 심층수를 구성한다.
ㄷ. D에는 한류가 흐른다.

① ㄱ   ② ㄴ   ③ ㄷ
④ ㄱ, ㄴ   ⑤ ㄴ, ㄷ

[24918-0108] ○ △ ×

8 그림은 별 A, B, C의 광도와 최대 복사 에너지를 방출하는 파장(λ_{max})을 나타낸 것이다. C의 표면 온도는 약 **3000 K**이다.

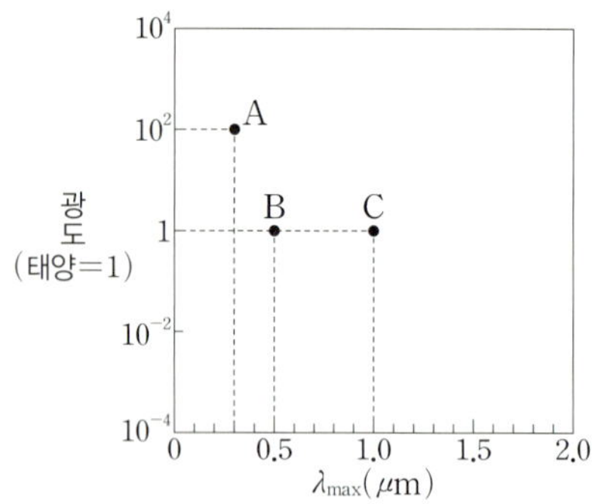

이에 대한 설명으로 옳은 것만을 〈보기〉에서 있는 대로 고른 것은? [3점]

보기
ㄱ. A의 스펙트럼에서는 H I 흡수선의 세기가 Ca II 흡수선의 세기보다 강하다.
ㄴ. 반지름은 C가 B의 2배이다.
ㄷ. C는 주계열성에 해당한다.

① ㄱ   ② ㄴ   ③ ㄱ, ㄷ
④ ㄴ, ㄷ   ⑤ ㄱ, ㄴ, ㄷ

[24918-0109] ○ △ ×

9 그림은 빅뱅 우주론에서 시간에 따른 우주의 온도와 밀도 변화를 우주가 진화하는 동안 발생한 주요 사건과 함께 나타낸 것이다.

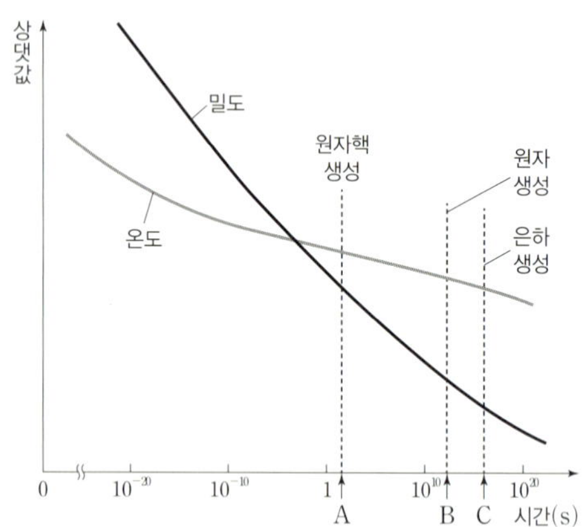

이에 대한 설명으로 옳은 것만을 〈보기〉에서 있는 대로 고른 것은? [3점]

보기
ㄱ. 빅뱅 이후 우주의 크기는 증가하였다.
ㄴ. 우주 배경 복사가 최초로 방출된 시기는 A 시기 무렵이다.
ㄷ. 우주의 총 질량은 B 시기보다 C 시기에 더 크다.

① ㄱ   ② ㄴ   ③ ㄷ
④ ㄱ, ㄷ   ⑤ ㄴ, ㄷ

[24918-0110] ○ △ ×

10 그림은 외부 은하의 거리와 후퇴 속도의 관계를, 표는 두 은하 ㉠, ㉡에서 관측된 어떤 흡수선의 파장을 나타낸 것이다.

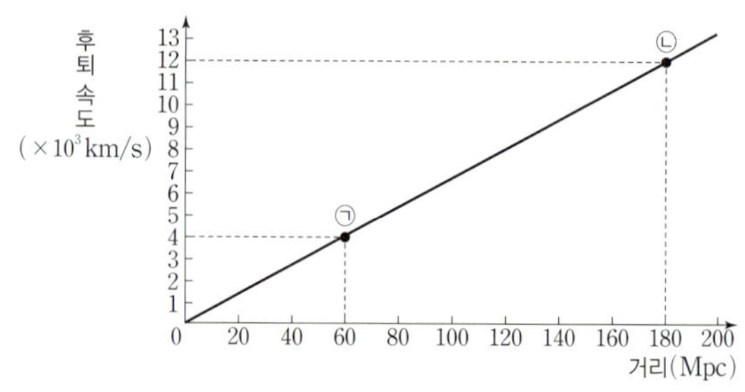

은하	관측 파장(nm)
㉠	( )
㉡	416

이 자료에 대한 설명으로 옳은 것만을 〈보기〉에서 있는 대로 고른 것은? (단, 빛의 속도는 $3 \times 10^5 \, km/s$이다.)   [3점]

보기
ㄱ. 허블 상수는 약 67 km/s/Mpc이다.
ㄴ. 이 흡수선의 고유 파장은 400 nm이다.
ㄷ. 적색 편이는 ㉡이 ㉠의 3배이다.

① ㄱ   ② ㄷ   ③ ㄱ, ㄴ
④ ㄴ, ㄷ   ⑤ ㄱ, ㄴ, ㄷ

12_회 미니모의고사

EBS 수능특강 Q 미니모의고사 **지구과학Ⅰ**

○ 알고 맞힘 /10   △ 헷갈림 /10   ✕ 모르고 틀림 /10

[24918-0111] ○ △ ✕

1 그림은 어느 대륙의 한 지역에 분포하는 화성암 A, B, C의 고지자기 복각과 절대 연령을 나타낸 것이다.

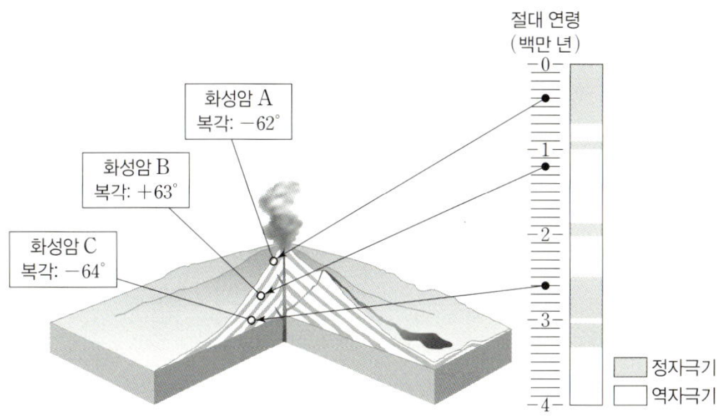

이에 대한 설명으로 옳은 것만을 〈보기〉에서 있는 대로 고른 것은? (단, 지리상 북극의 위치는 변하지 않았다.)   [3점]

보기

ㄱ. 이 지역은 A가 생성될 당시 남반구에 위치하였다.

ㄴ. B가 생성될 당시 지구 자기장의 방향은 현재와 같다.

ㄷ. 이 지역은 C가 생성된 이후 남쪽으로 이동하였다.

① ㄱ   ② ㄴ   ③ ㄱ, ㄷ

④ ㄴ, ㄷ   ⑤ ㄱ, ㄴ, ㄷ

[24918-0112] ○ △ ✕

2 그림은 어느 지역의 지층 단면과 퇴적 구조를 나타낸 것이다.

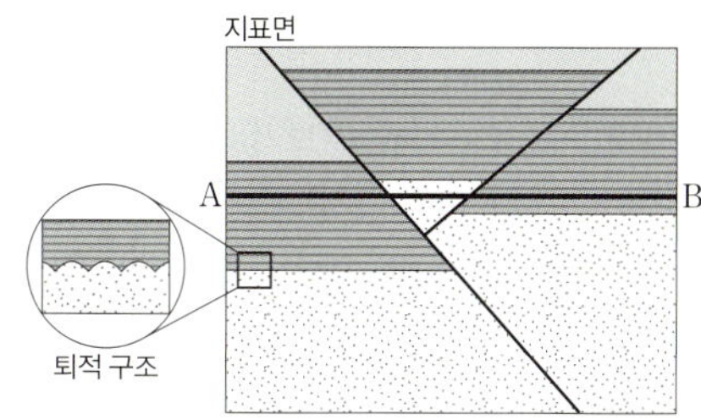

A−B 구간에서 지층의 연령으로 가장 적절한 것은? (단, 모든 지층은 정합 관계이다.)   [3점]

① 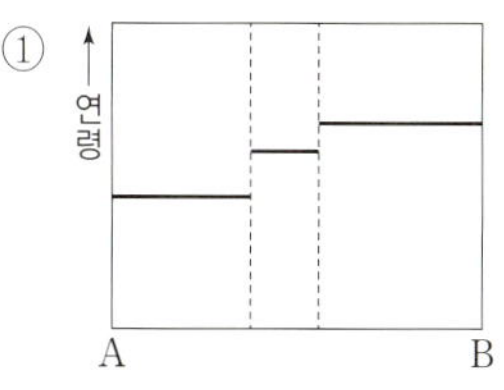
② 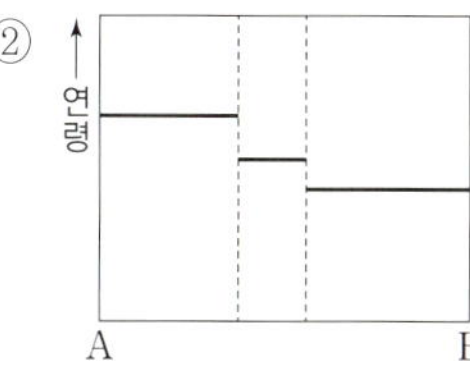
③ 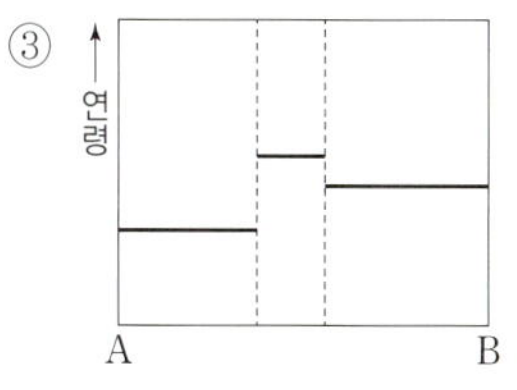
④ 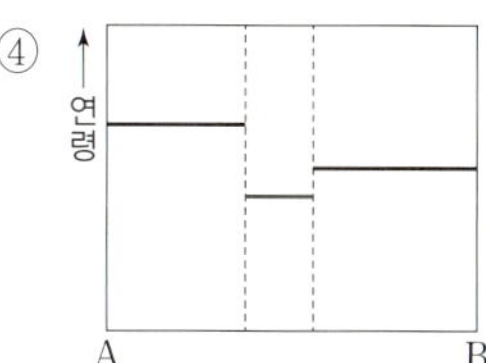
⑤ 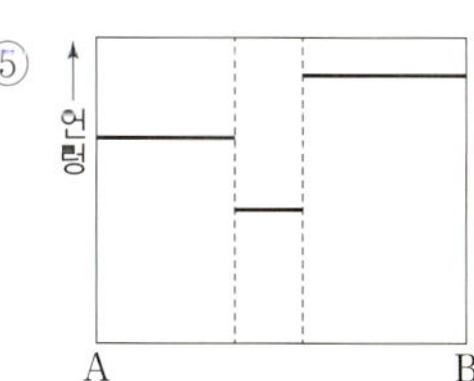

[24918-0113] ○ △ ✕

3 그림 (가), (나), (다)는 서로 다른 두 판의 상대적인 이동 방향을 나타낸 것이다.

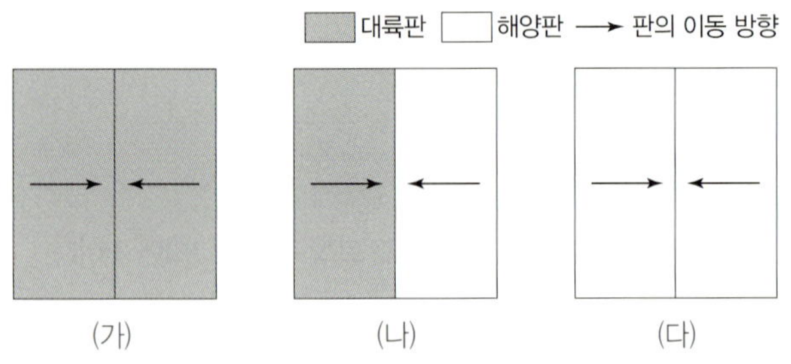

이 자료에 대한 설명으로 옳은 것만을 〈보기〉에서 있는 대로 고른 것은?

| 보기 |

ㄱ. (가)의 판 경계 부근에서는 주로 안산암질 마그마가 분출한다.
ㄴ. (나)의 해양판에는 섭입대에서 잡아당기는 힘이 작용한다.
ㄷ. (다)의 판 경계 하부에서는 압력 감소에 의해 맨틀 물질의 용융이 일어난다.

① ㄱ   ② ㄴ   ③ ㄷ
④ ㄱ, ㄴ   ⑤ ㄴ, ㄷ

[24918-0114] ○ △ ✕

4 그림 (가)는 어느 날 9시 우리나라 주변의 지상 일기도를, (나)는 (가)의 A 지역과 B 지역에서 이날 4시부터 10시까지 기온, 기압, 시간당 강수량을 관측하여 나타낸 것이다.

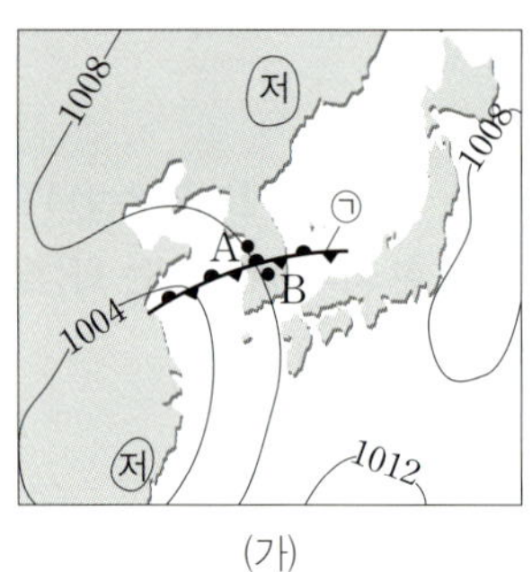

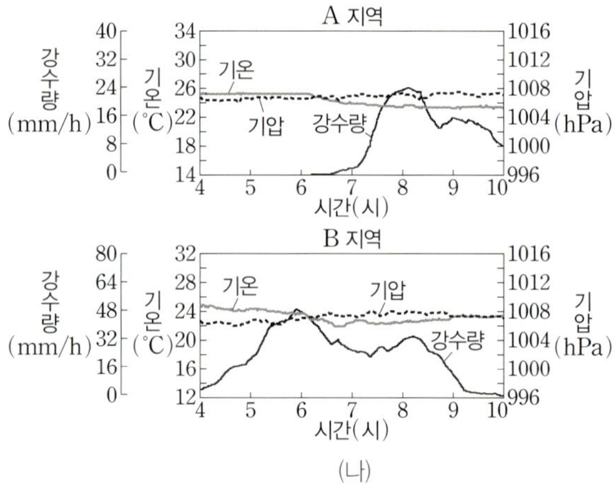

이에 대한 설명으로 옳은 것만을 〈보기〉에서 있는 대로 고른 것은? [3점]

| 보기 |

ㄱ. 이날 6시부터 9시까지 전선 ㉠은 대체로 북상하였다.
ㄴ. 이날 B 지역에는 집중 호우가 내렸다.
ㄷ. 전선 ㉠을 따라 형성된 적운형 구름은 대체로 전선의 북쪽에 분포한다.

① ㄱ   ② ㄴ   ③ ㄱ, ㄷ
④ ㄴ, ㄷ   ⑤ ㄱ, ㄴ, ㄷ

5 [24918-0115] ○ △ ×

그림은 서로 다른 두 해역 A, B에서 관측한 어느 용존 기체의 농도를 나타낸 것이다. 이 두 해역의 표층 염분은 같고, 용존 기체는 산소와 이산화 탄소 중 하나이다.

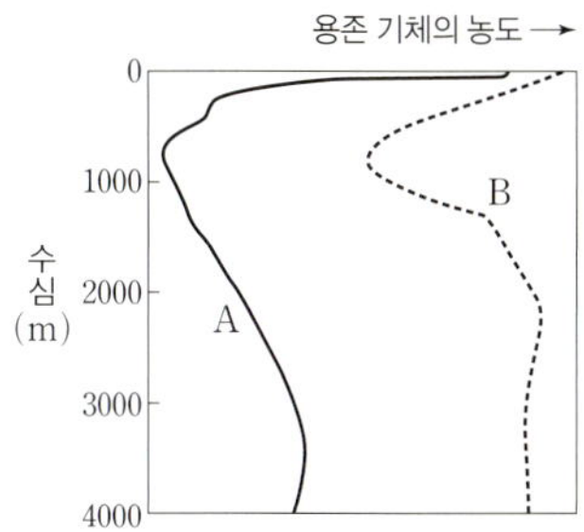

이 자료에 대한 설명으로 옳은 것만을 〈보기〉에서 있는 대로 고른 것은?

보기
ㄱ. 용존 기체는 이산화 탄소이다.
ㄴ. 표층 수온은 A 해역이 B 해역보다 높다.
ㄷ. A 해역에서 용존 기체의 농도가 표층이 수심 500 m보다 높은 이유 중 하나는 광합성 때문이다.

① ㄱ
② ㄴ
③ ㄱ, ㄷ
④ ㄴ, ㄷ
⑤ ㄱ, ㄴ, ㄷ

6 [24918-0116] ○ △ ×

다음은 어느 해 태평양의 해수면 높이 편차(관측값−평년값) 자료를 보고 학생 A, B, C가 나눈 대화를 나타낸 것이다.

제시한 내용이 옳은 학생만을 있는 대로 고른 것은?

① A
② B
③ A, C
④ B, C
⑤ A, B, C

7 [24918-0117] ○ △ ×

그림 (가)와 (나)는 지구 공전 궤도 이심률 변화와 지구 자전축의 경사각 변화를 나타낸 것이다.

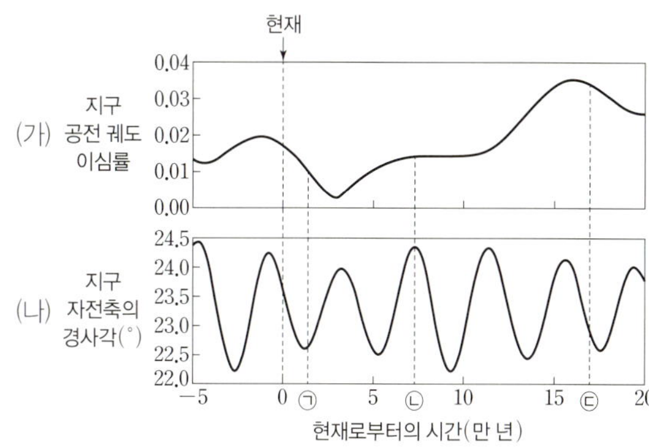

이에 대한 설명으로 옳은 것을 〈보기〉에서 있는 대로 고른 것은? (단, 지구 공전 궤도 이심률과 지구 자전축의 경사각 이외의 조건은 고려하지 않는다.) [3점]

보기
ㄱ. ㉠, ㉡, ㉢ 중 근일점과 원일점에서의 1년 동안 지구에 도달하는 태양 복사 에너지양의 차가 가장 큰 시기는 ㉢이다.
ㄴ. ㉠ 시기에 남반구 중위도 지역의 여름철 기온은 현재보다 높다.
ㄷ. 우리나라 기온의 연교차는 ㉢ 시기보다 ㉡ 시기에 작다.

① ㄱ
② ㄴ
③ ㄱ, ㄷ
④ ㄴ, ㄷ
⑤ ㄱ, ㄴ, ㄷ

[24918-0118] ○ △ ✕

8 그림은 질량이 태양과 비슷한 별의 진화 경로를 H–R도에 모식적으로 나타낸 것이다.

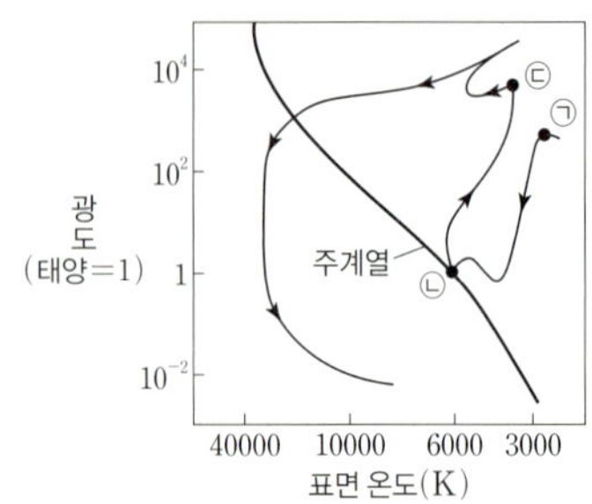

이에 대한 설명으로 옳은 것만을 〈보기〉에서 있는 대로 고른 것은?

> **보기**
> ㄱ. ㉠ → ㉡ 과정에서 별의 표면에서는 중력이 기체 압력 차에 의한 힘보다 크게 작용한다.
> ㄴ. ㉡ → ㉢ 과정 동안 별 내부에서 수소 핵융합 반응은 일어나지 않는다.
> ㄷ. ㉢에서는 중심핵에서 탄소 핵융합 반응이 일어난다.

① ㄱ   ② ㄷ   ③ ㄱ, ㄴ
④ ㄴ, ㄷ   ⑤ ㄱ, ㄴ, ㄷ

[24918-0119] ○ △ ✕

9 그림 (가)는 행성 a를 거느린 별 A가 별 B의 앞쪽에서 이동하는 모습을, (나)는 미세 중력 렌즈 현상에 의한 B의 겉보기 밝기 변화를 나타낸 것이다.

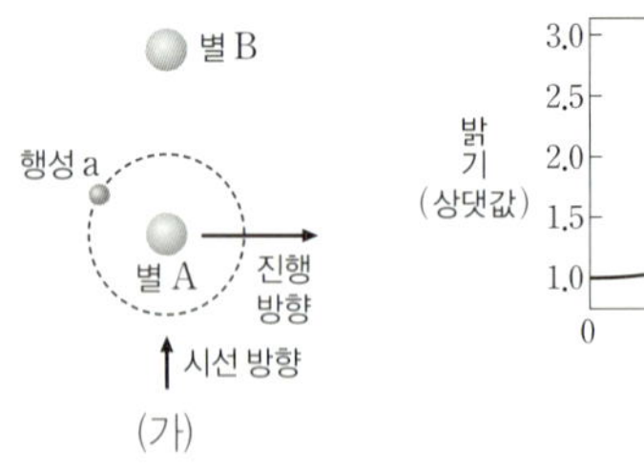
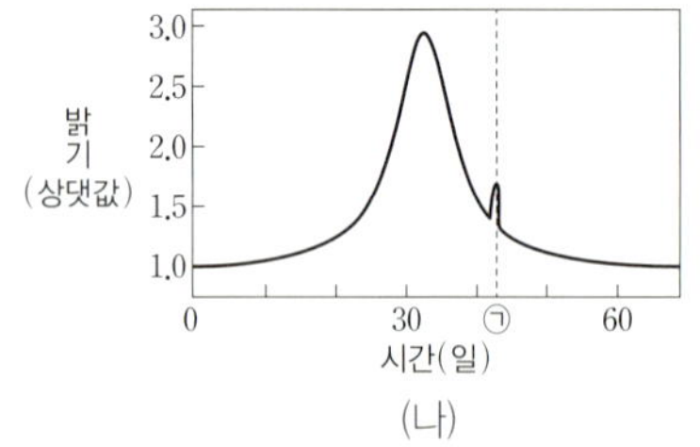

(가)   (나)

이에 대한 설명으로 옳은 것만을 〈보기〉에서 있는 대로 고른 것은?

> **보기**
> ㄱ. ㉠ 시기에는 a에 의한 미세 중력 렌즈 현상이 일어났다.
> ㄴ. (나)의 밝기 변화는 주기적으로 나타난다.
> ㄷ. a의 공전 궤도면이 관측자의 시선 방향에 수직이라면 미세 중력 렌즈 현상이 나타나지 않는다.

① ㄱ   ② ㄴ   ③ ㄱ, ㄷ
④ ㄴ, ㄷ   ⑤ ㄱ, ㄴ, ㄷ

[24918-0120] ○ △ ✕

10 그림은 서로 다른 우주 모형 A~D에서 임계 밀도(ρ_c)에 대한 물질 밀도(ρ_m) 및 암흑 에너지 밀도(ρ_Λ)를 나타낸 것이다.

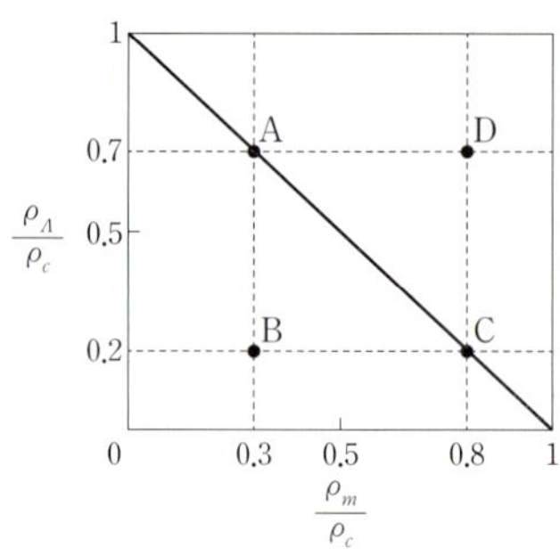

이에 대한 설명으로 옳은 것만을 〈보기〉에서 있는 대로 고른 것은? [3점]

> **보기**
> ㄱ. 우주의 곡률은 A가 B보다 작다.
> ㄴ. 우주의 평균 밀도는 A가 C보다 크다.
> ㄷ. D는 닫힌 우주에 해당한다.

① ㄱ   ② ㄷ   ③ ㄱ, ㄴ
④ ㄴ, ㄷ   ⑤ ㄱ, ㄴ, ㄷ

13회 미니모의고사

EBS 수능특강 **Q** 미니모의고사 **지구과학I**

○ 알고 맞힘 　/10　 △ 헷갈림 　/10　 ✕ 모르고 틀림 　/10

[24918-0121] ○ △ ✕

1 그림 (가)는 해양판 A와 B의 위치를, (나)와 (다)는 각각 GPS를 이용하여 2012년부터 2019년까지 측정한 A와 B의 위치 변화를 2019년 말을 기준으로 나타낸 것이다. (+)는 북쪽과 동쪽 방향을, (−)는 남쪽과 서쪽 방향을 의미한다.

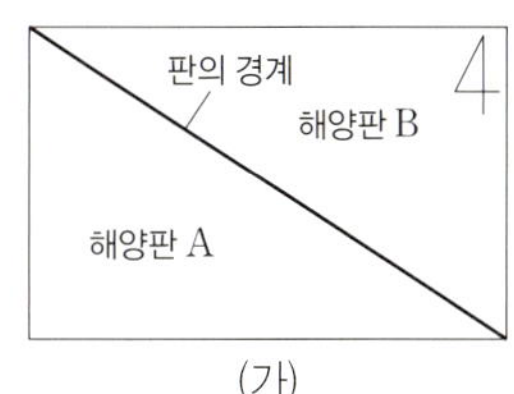

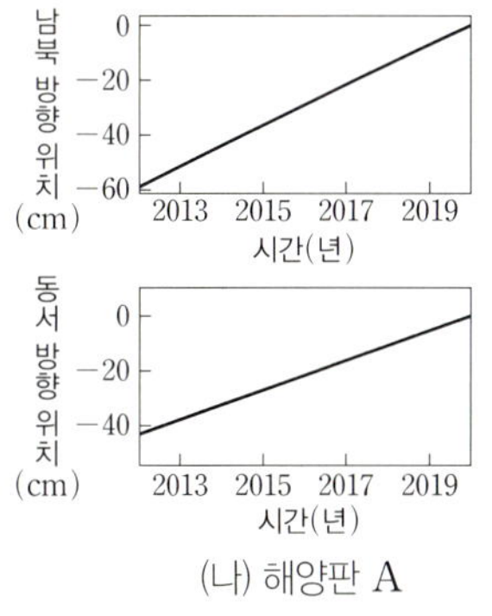

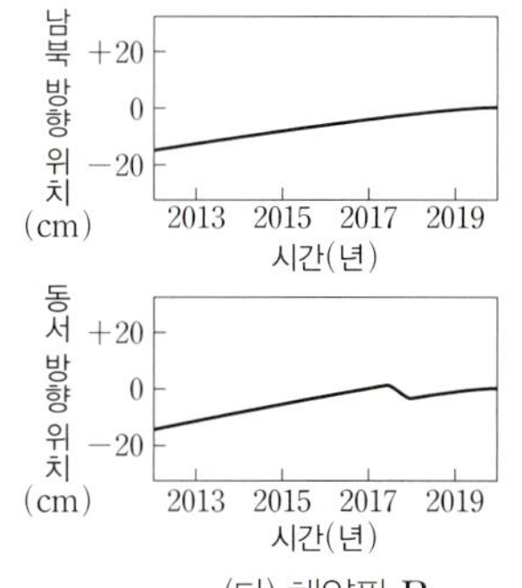

이에 대한 설명으로 옳은 것만을 〈보기〉에서 있는 대로 고른 것은? [3점]

> **보기**
> ㄱ. A와 B는 모두 남서쪽으로 이동하나.
> ㄴ. 판의 이동 속력은 A가 B보다 빠르다.
> ㄷ. A와 B의 경계를 따라 해령이 발달한다.

① ㄱ　　　　② ㄴ　　　　③ ㄱ, ㄷ
④ ㄴ, ㄷ　　　⑤ ㄱ, ㄴ, ㄷ

[24918-0122] ○ △ ✕

2 그림은 역전되지 않은 퇴적암 A, B, C가 분포하는 어느 지역의 지표면 암석 분포와 지표면에서 관찰되는 퇴적 구조를 나타낸 것이다. 지표면의 고도는 일정하다.

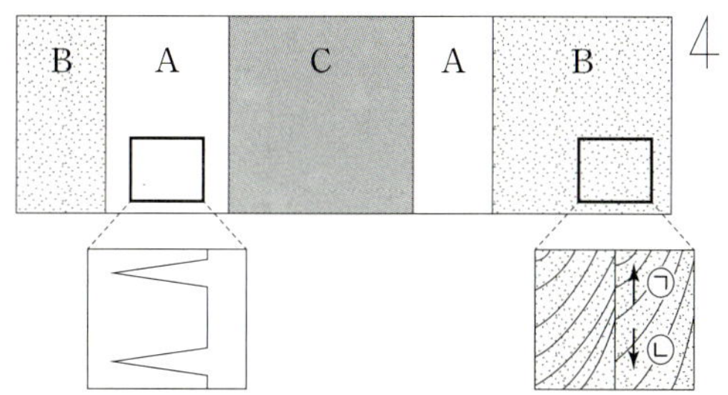

이에 대한 설명으로 옳은 것만을 〈보기〉에서 있는 대로 고른 것은? [3점]

> **보기**
> ㄱ. 동쪽에서 서쪽으로 갈수록 나이가 많은 퇴적암이 분포한다.
> ㄴ. B 퇴적 당시 퇴적물은 ⓛ 방향으로 공급되었다.
> ㄷ. 향사 구조가 존재한다.

① ㄱ　　　　　② ㄴ　　　　　③ ㄷ
④ ㄱ, ㄷ　　　⑤ ㄴ, ㄷ

[24918-0123] ○ △ ×

3 그림 (가)~(라)는 속성 작용이 일어나는 동안에 퇴적물의 변화를 나타낸 것이다. (다) → (라) 과정에서 일부 광물이 지하수에 용해되었다.

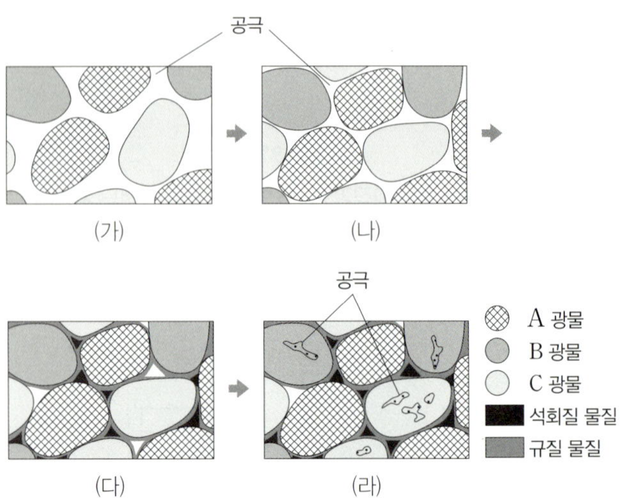

이 자료에 대한 설명으로 옳은 것만을 〈보기〉에서 있는 대로 고른 것은?

[3점]

> 보기
> ㄱ. (가) → (나) 과정에서 교결 작용이 다짐 작용보다 활발하게 일어났다.
> ㄴ. (나) → (다) 과정에서 퇴적물의 평균 밀도는 증가하였다.
> ㄷ. A, B, C 중 지하수에 대한 용해도가 가장 큰 것은 A이다.

① ㄱ ② ㄴ ③ ㄷ
④ ㄱ, ㄴ ⑤ ㄴ, ㄷ

[24918-0124] ○ △ ×

4 그림 (가), (나), (다)는 뇌우의 발달과 소멸 과정을 순서대로 나타낸 것이다.

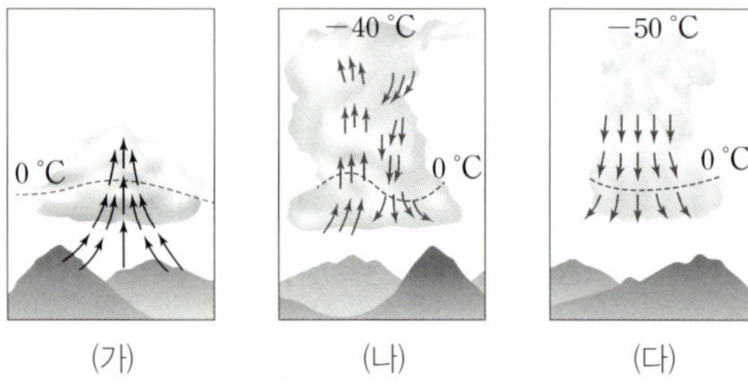

이에 대한 설명으로 옳은 것만을 〈보기〉에서 있는 대로 고른 것은?

> 보기
> ㄱ. 태풍에 동반되어 발생하기도 한다.
> ㄴ. 천둥과 번개는 (나)보다 (다)에서 발생할 가능성이 높다.
> ㄷ. 단위 시간당 강수량은 (나)일 때가 (가)일 때보다 많다.

① ㄱ ② ㄴ ③ ㄱ, ㄷ
④ ㄴ, ㄷ ⑤ ㄱ, ㄴ, ㄷ

[24918-0125] ○ △ ×

5 그림은 대서양의 어느 해역에서 측정한 수심에 따른 수온과 염분의 분포를 나타낸 것이다.

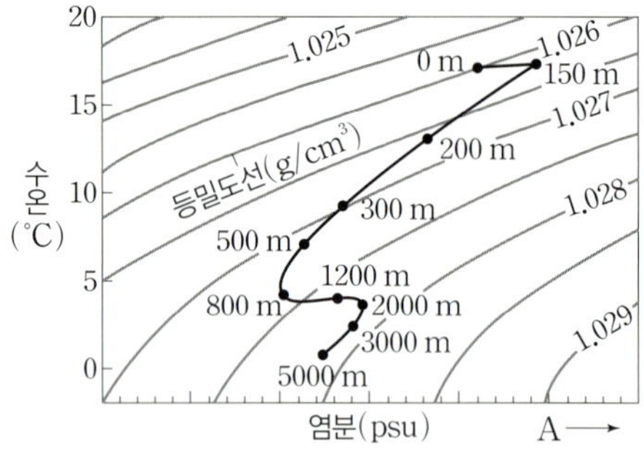

이에 대한 설명으로 옳은 것만을 〈보기〉에서 있는 대로 고른 것은?

> 보기
> ㄱ. 염분은 A 방향으로 갈수록 높아진다.
> ㄴ. 수온 약층은 수심 150 m～500 m 구간에서 뚜렷하게 나타난다.
> ㄷ. 밀도 변화는 수심 800 m～2000 m 구간이 수심 2000 m ～5000 m 구간보다 크다.

① ㄱ ② ㄷ ③ ㄱ, ㄴ
④ ㄴ, ㄷ ⑤ ㄱ, ㄴ, ㄷ

[24918-0126] ○ △ ✕

6 그림 (가)는 남극 대륙 주변의 주요 표층 해류를, (나)는 P 지점에서 측정한 월별 해수의 총수송량을 나타낸 것이다. A에서는 해수의 침강이 일어난다.

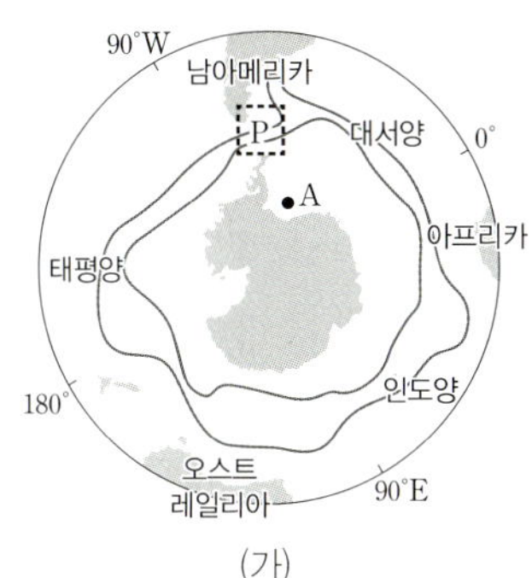

(가)

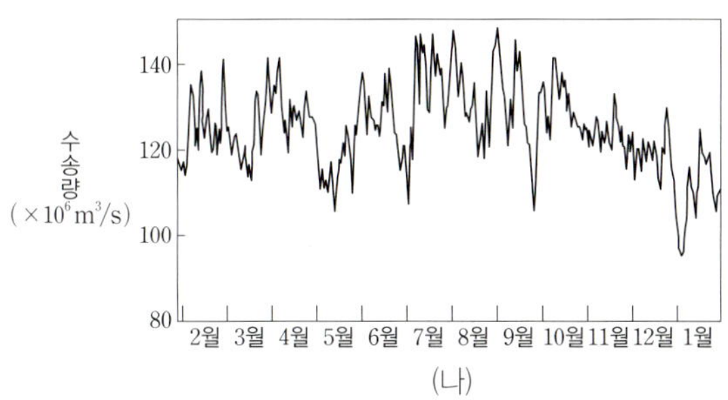

(나)

이 자료에 대한 설명으로 옳은 것만을 〈보기〉에서 있는 대로 고른 것은?

┌─ 보기 ┌─
ㄱ. 남극점 상공에서 내려다보았을 때, (가)의 해류는 주로 시계 방향으로 흐른다.
ㄴ. A에서 해수의 침강은 남반구의 여름철이 겨울철보다 활발하다.
ㄷ. P 지점에서 해수의 총수송량은 대체로 남반구의 여름철이 겨울철보나 많나.
└──────

① ㄱ　　　　② ㄷ　　　　③ ㄱ, ㄴ
④ ㄴ, ㄷ　　　⑤ ㄱ, ㄴ, ㄷ

[24918-0127] ○ △ ✕

7 그림 (가)는 별 ㉠~㉣을 H−R도에 나타낸 것이고, (나)는 별의 중심 온도에 따른 p−p 반응과 CNO 순환 반응의 상대적 에너지 생성량을 순서 없이 나타낸 것이다.

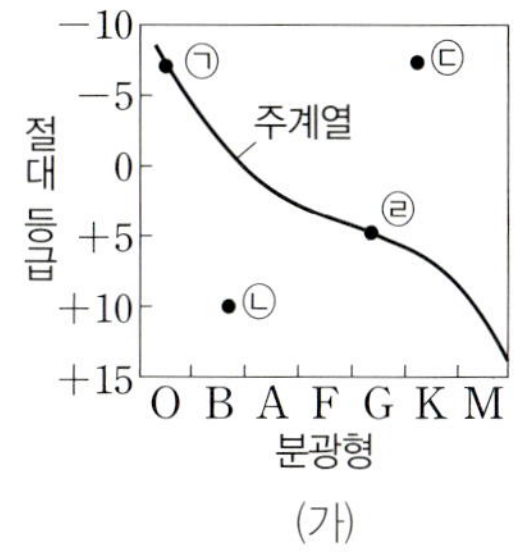

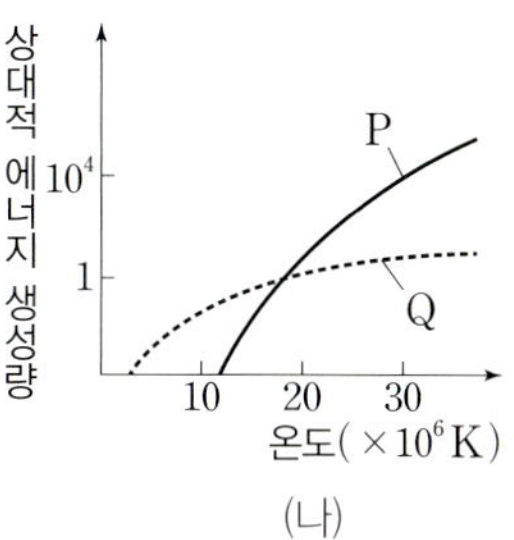

(가)　　　　　(나)

이에 대한 설명으로 옳은 것만을 〈보기〉에서 있는 대로 고른 것은? [3점]

┌─ 보기 ┌─
ㄱ. $\dfrac{Q에 의한 에너지 생성량}{전체 에너지 생성량}$ 은 ㉣이 ㉠보다 크다.
ㄴ. ㉠과 ㉢의 광도 계급은 Ⅲ이다.
ㄷ. ㉠~㉣ 중 단위 시간에 단위 면적당 방출하는 에너지양은 ㉡이 가장 적다.
└──────

① ㄱ　　　　② ㄴ　　　　③ ㄱ, ㄷ
④ ㄴ, ㄷ　　　⑤ ㄱ, ㄴ, ㄷ

8 [24918-0128]   ○ △ ✕

그림은 별 A와 B의 진화 과정을 나타낸 것이다.

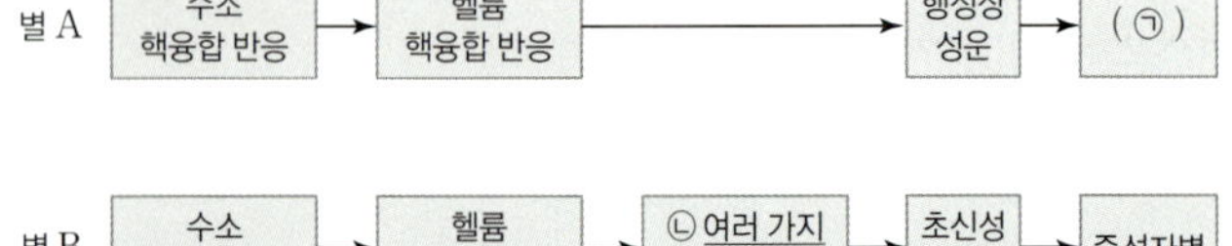

이에 대한 설명으로 옳은 것만을 〈보기〉에서 있는 대로 고른 것은?

> **보기**
> ㄱ. ㉠은 대부분 탄소로 이루어져 있다.
> ㄴ. ㉡에서 철보다 무거운 원소가 만들어진다.
> ㄷ. 원시별에서 최종 진화 단계에 이를 때까지 걸리는 시간은 A가 B보다 짧다.

① ㄱ   ② ㄴ   ③ ㄱ, ㄷ
④ ㄴ, ㄷ   ⑤ ㄱ, ㄴ, ㄷ

9 [24918-0129]   ○ △ ✕

그림은 빅뱅 이후 시간에 따른 우주의 반지름 변화를 나타낸 것이다. (가)와 (나)는 각각 대폭발 우주론과 급팽창 이론 중 하나이다.

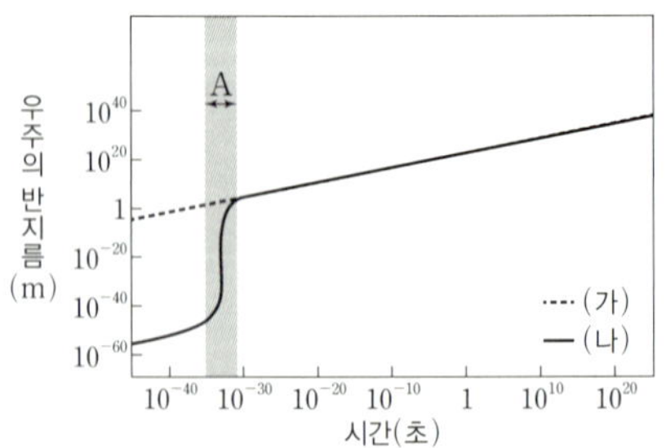

이에 대한 설명으로 옳은 것만을 〈보기〉에서 있는 대로 고른 것은?

> **보기**
> ㄱ. (가)는 급팽창 이론이다.
> ㄴ. (나)에서 A 시기에 우주는 빛의 속도로 팽창하였다.
> ㄷ. (나)에서 A 시기 이전에 우주의 크기는 우주의 지평선보다 작았다.

① ㄱ   ② ㄷ   ③ ㄱ, ㄴ
④ ㄴ, ㄷ   ⑤ ㄱ, ㄴ, ㄷ

10 [24918-0130]   ○ △ ✕

그림 (가)는 어느 외계 행성계에서 중심별을 원 궤도로 공전하는 행성 ㉠~㉣의 공전 궤도 반지름을, (나)는 생명 가능 지대 중심으로부터 ㉠~㉣까지의 거리를 각각 나타낸 것이다. 1Z는 이 외계 행성계의 생명 가능 지대 중심으로부터 생명 가능 지대 경계까지의 거리이다.

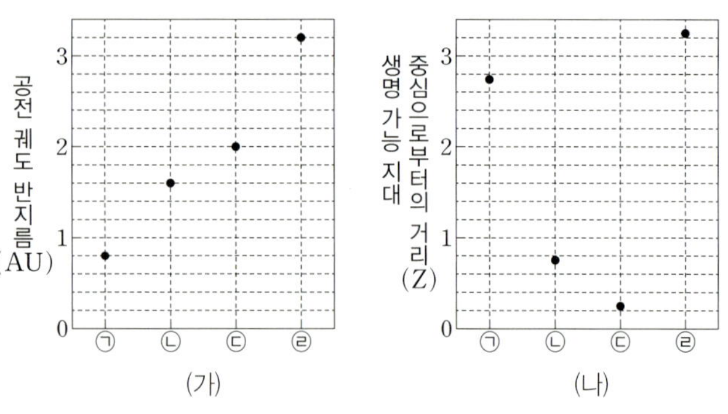

이에 대한 설명으로 옳은 것만을 〈보기〉에서 있는 대로 고른 것은? (단, 생명 가능 지대의 중심은 생명 가능 지대 안쪽 경계와 바깥쪽 경계의 가운데 지점이다.) [3점]

> **보기**
> ㄱ. 중심별의 광도는 태양보다 크다.
> ㄴ. 생명 가능 지대의 폭은 ㉡과 ㉢이 가장 가까울 때의 거리보다 넓다.
> ㄷ. 생명 가능 지대의 중심은 ㉢과 ㉣ 사이에 위치한다.

① ㄱ   ② ㄷ   ③ ㄱ, ㄴ
④ ㄴ, ㄷ   ⑤ ㄱ, ㄴ, ㄷ

14회 미니모의고사

EBS 수능특강 Q 미니모의고사 **지구과학Ⅰ**

O 알고 맞힘 /10 △ 헷갈림 /10 X 모르고 틀림 /10

---

1 [24918-0131] O △ X

그림 (가)와 (나)는 대륙이 분리된 후 이동하는 과정에서 발생하는 고지자기극의 이동 과정을 모식적으로 나타낸 것이다.

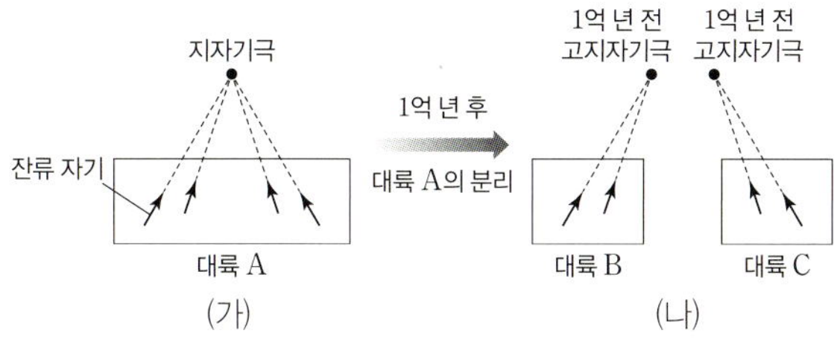

이 자료에 대한 설명으로 옳은 것만을 〈보기〉에서 있는 대로 고른 것은?

> **보기**
> ㄱ. (가) → (나) 과정에서 해령이 형성된다.
> ㄴ. (나)에서 현재 지자기 북극은 2개가 존재한다.
> ㄷ. 현재 대륙 B와 대륙 C에서 각각 형성되는 암석의 잔류 자기 방향은 1억 년 전 고지자기 방향과 같다.

① ㄱ   ② ㄴ   ③ ㄱ, ㄷ
④ ㄴ, ㄷ   ⑤ ㄱ, ㄴ, ㄷ

---

2 [24918-0132] O △ X

그림 (가), (나), (다)는 지질 구조를 나타낸 것이다.

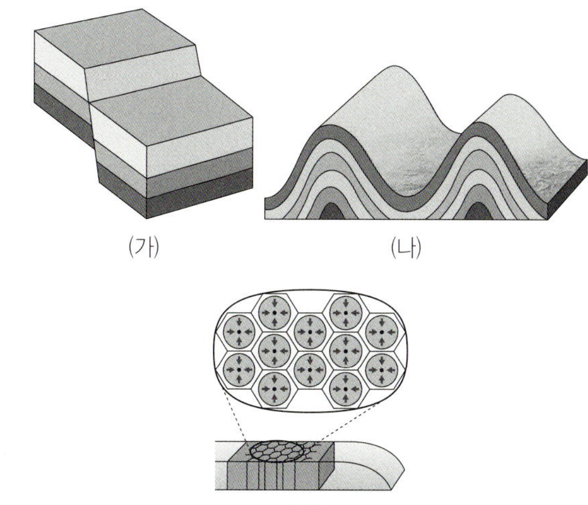

이에 대한 설명으로 옳은 것만을 〈보기〉에서 있는 대로 고른 것은?

> **보기**
> ㄱ. (가)는 장력에 의해 형성된 구조이다.
> ㄴ. (나)는 주로 판의 발산형 경계에서 형성된다.
> ㄷ. (나)는 (다)보다 대체로 지표 가까운 곳에서 형성된다.

① ㄱ   ② ㄷ   ③ ㄱ, ㄴ
④ ㄴ, ㄷ   ⑤ ㄱ, ㄴ, ㄷ

[24918-0133] ○ △ ✕

3 그림 (가), (나), (다)는 태평양의 서로 다른 세 지역에서 측정한 지하 온도와 물질의 용융 온도를 나타낸 것이다. A와 B는 각각 지하 온도와 물질의 용융 온도 중 하나이고, (가), (나), (다)는 각각 해령, 열점, 섭입대 부근 중 하나에 해당한다.

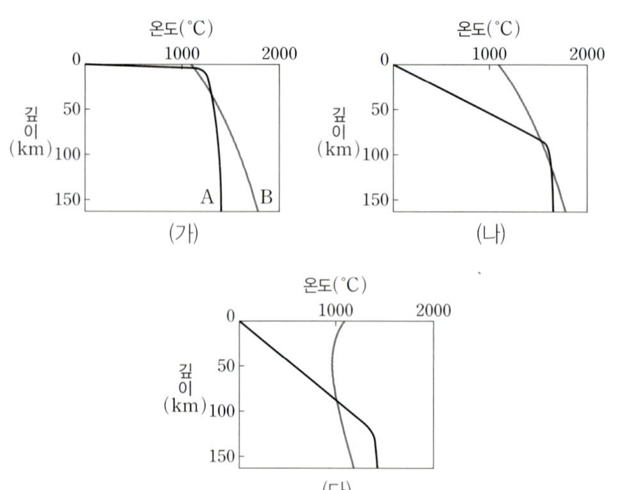

이 자료에 대한 설명으로 옳은 것만을 〈보기〉에서 있는 대로 고른 것은?

[3점]

보기
ㄱ. 마그마가 생성되는 깊이는 (가) 지역이 (나) 지역보다 깊다.
ㄴ. 암석권의 평균 두께는 (가) 지역보다 (다) 지역이 두껍다.
ㄷ. (다) 지역의 하부에서는 뜨거운 플룸이 상승한다.

① ㄱ　　　　　② ㄴ　　　　　③ ㄱ, ㄷ
④ ㄴ, ㄷ　　　　⑤ ㄱ, ㄴ, ㄷ

[24918-0134] ○ △ ✕

4 그림은 해양에서 발달한 어느 기단이 우리나라로 이동하는 과정에서 기단의 변질이 일어났을 때 높이에 따른 온도 변화를 나타낸 것이다.

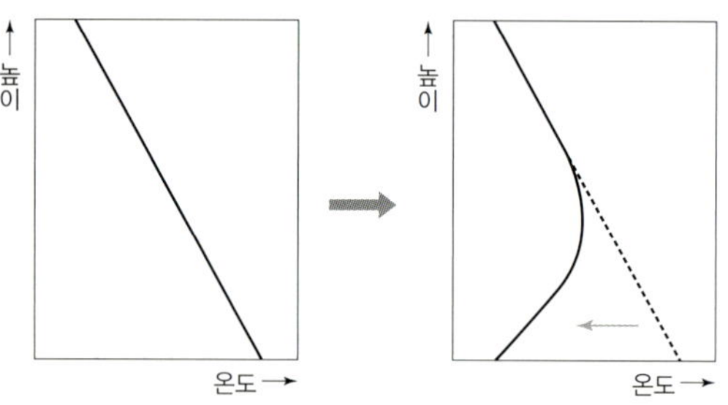

이에 대한 설명으로 옳은 것만을 〈보기〉에서 있는 대로 고른 것은?

보기
ㄱ. 기단은 저위도에서 고위도로 이동했다.
ㄴ. 기단이 이동하는 동안 기단의 하층부는 불안정한 상태로 변했다.
ㄷ. 기단의 변질로 인해 우리나라 부근의 해상에서는 적운형 구름이 발달할 것이다.

① ㄱ　　　　　② ㄷ　　　　　③ ㄱ, ㄴ
④ ㄴ, ㄷ　　　　⑤ ㄱ, ㄴ, ㄷ

[24918-0135] ○ △ ✕

5 그림 (가)는 남반구에서 대기 대순환에 의해 지표 부근에서 부는 바람의 남북 방향 성분을, (나)는 남극 대륙 주변의 표층 해류가 흐르는 해역 A, B, C를 나타낸 것이다.

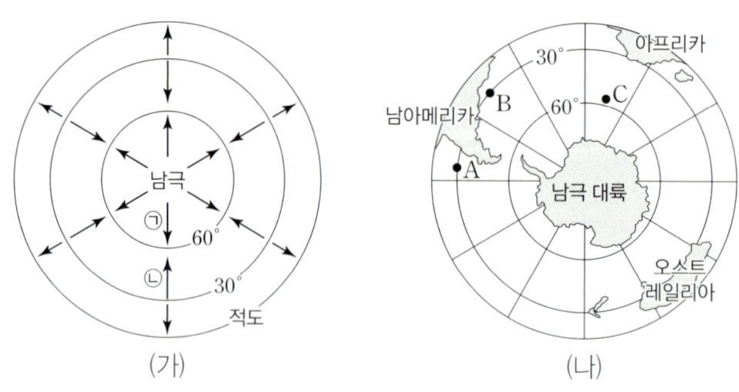

이 자료에 대한 설명으로 옳은 것만을 〈보기〉에서 있는 대로 고른 것은?

[3점]

보기
ㄱ. ㉡은 서풍 계열의 바람이다.
ㄴ. 수온만을 고려할 때, 표층 용존 산소량은 A 해역보다 B 해역이 많다.
ㄷ. C 해역에 흐르는 해류는 ㉠의 영향으로 형성되었다.

① ㄱ　　　　　② ㄷ　　　　　③ ㄱ, ㄴ
④ ㄴ, ㄷ　　　　⑤ ㄱ, ㄴ, ㄷ

[24918-0136]   ○ △ ✕

6 그림 (가)와 (나)는 평상시와 엘니뇨 시기에 동태평양 적도 부근 해역의 월평균 표층 수온과 표층 부근에서의 바람의 분포를 순서 없이 나타낸 것이다.

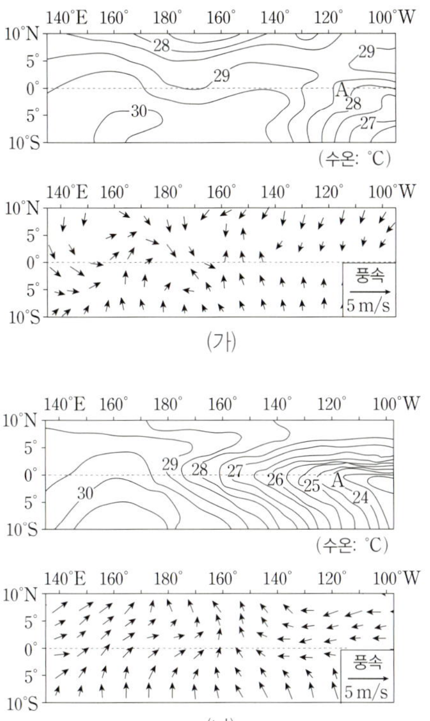

이에 대한 설명으로 옳은 것만을 〈보기〉에서 있는 대로 고른 것은?

┌─ 보기 ┌
ㄱ. 엘니뇨가 발생한 시기는 (가)이다.
ㄴ. A 해역에서 무역풍의 세기는 (가)보다 (나) 시기에 더 강하다.
ㄷ. A 해역에서 강수량은 (가)에 비해 (나) 시기에 많았을 것이다.

① ㄱ　　　　　② ㄷ　　　　　③ ㄱ, ㄴ
④ ㄴ, ㄷ　　　　⑤ ㄱ, ㄴ, ㄷ

[24918-0137]   ○ △ ✕

7 표는 별 A, B, C의 물리량을 나타낸 것이다.

별	최대 복사 에너지를 방출하는 파장(μm)	절대 등급	반지름 (태양=1)
A	0.5	5	1
B	0.25	0	㉠
C	1	㉡	4

이에 대한 설명으로 옳은 것만을 〈보기〉에서 있는 대로 고른 것은? [3점]

┌─ 보기 ┌
ㄱ. ㉠+㉡=7.5이다.
ㄴ. A, B, C 중 색지수는 B가 가장 크다.
ㄷ. A, B, C 중 단위 시간에 단위 면적당 방출하는 에너지는 C가 가장 크다.

① ㄱ　　　　　② ㄴ　　　　　③ ㄱ, ㄷ
④ ㄴ, ㄷ　　　　⑤ ㄱ, ㄴ, ㄷ

[24918-0138] ○ △ ✕

8 그림 (가), (나), (다)는 질량이 태양 질량의 5배인 별의 진화 과정에서 중심으로부터 표면까지의 거리에 따른 수소의 질량비(%)를 나타낸 것이다. (가), (나), (다)는 각각 별이 주계열 단계에 도달한 직후, 주계열 단계, 주계열 단계가 끝났을 때 중 하나이다.

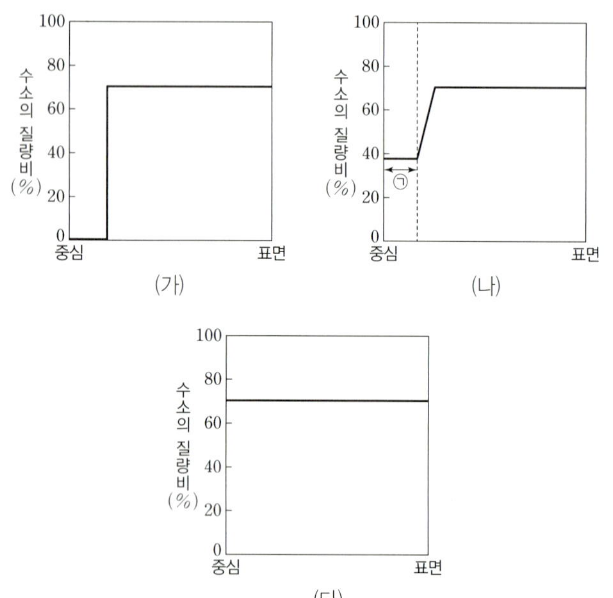

이에 대한 설명으로 옳은 것만을 〈보기〉에서 있는 대로 고른 것은? [3점]

보기
ㄱ. 시간 순서대로 나열하면 (다) → (나) → (가)이다.
ㄴ. (나)의 ㉠ 구간에서 에너지는 주로 대류의 형태로 이동한다.
ㄷ. 중심핵에서 $\dfrac{\text{헬륨의 질량비(\%)}}{\text{수소의 질량비(\%)}}$ 는 (나)가 (다)보다 크다.

① ㄱ   ② ㄷ   ③ ㄱ, ㄴ
④ ㄴ, ㄷ   ⑤ ㄱ, ㄴ, ㄷ

[24918-0139] ○ △ ✕

9 표는 허블의 은하 분류 기준과 이에 따라 분류한 은하의 종류를 나타낸 것이다. (가), (나), (다)는 각각 타원 은하, 막대 나선 은하, 불규칙 은하 중 하나이다.

분류 기준 \\ 은하	(가)	(나)	(다)
(㉠)	○	○	✕
나선팔이 있는가?	○	✕	✕
편평도에 따라 세분할 수 있는가?	✕	○	✕

(○: 있다. ✕: 없다.)

이에 대한 설명으로 옳은 것만을 〈보기〉에서 있는 대로 고른 것은?

보기
ㄱ. '규칙적인 구조가 있는가?'는 분류 기준 ㉠으로 적절하다.
ㄴ. 은하의 질량에 대한 성간 물질의 질량비는 (가)가 (나)보다 작다.
ㄷ. 은하의 색은 (다)가 (나)보다 붉게 보인다.

① ㄱ   ② ㄴ   ③ ㄱ, ㄷ
④ ㄴ, ㄷ   ⑤ ㄱ, ㄴ, ㄷ

[24918-0140] ○ △ ✕

10 그림은 대폭발 우주론에 근거하여 빅뱅 이후 현재에 이르는 동안 일어난 주요 사건들을 시간 순서대로 나타낸 것이다.

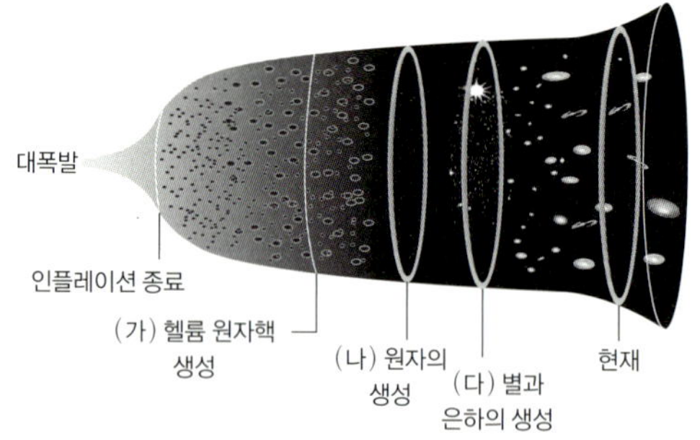

이에 대한 설명으로 옳은 것만을 〈보기〉에서 있는 대로 고른 것은? [3점]

보기
ㄱ. (가) 시기 이전에 우주 배경 복사가 형성되었다.
ㄴ. (나) 시기 이후 수소와 헬륨의 총 질량비는 약 3 : 1을 유지하고 있다.
ㄷ. (나) 시기보다 (다) 시기에 우주 배경 복사의 온도가 높았다.

① ㄱ   ② ㄴ   ③ ㄱ, ㄷ
④ ㄴ, ㄷ   ⑤ ㄱ, ㄴ, ㄷ

정답과 해설

한눈에 보는 정답

01회 미니모의고사
본문 04~07쪽

1 ③	2 ⑤	3 ②	4 ②
5 ②	6 ③	7 ②	8 ②
9 ③	10 ④		

02회 미니모의고사
본문 08~11쪽

1 ①	2 ⑤	3 ①	4 ②
5 ②	6 ③	7 ⑤	8 ①
9 ⑤	10 ②		

03회 미니모의고사
본문 12~15쪽

1 ③	2 ⑤	3 ④	4 ⑤
5 ⑤	6 ③	7 ①	8 ⑤
9 ②	10 ④		

04회 미니모의고사
본문 16~18쪽

1 ③	2 ③	3 ⑤	4 ④
5 ③	6 ②	7 ③	8 ⑤
9 ②	10 ②		

05회 미니모의고사
본문 19~21쪽

1 ①	2 ③	3 ④	4 ⑤
5 ⑤	6 ③	7 ⑤	8 ⑤
9 ①	10 ③		

06회 미니모의고사
본문 22~25쪽

1 ②	2 ③	3 ②	4 ②
5 ②	6 ③	7 ④	8 ①
9 ①	10 ⑤		

07회 미니모의고사
본문 26~29쪽

1 ④	2 ④	3 ③	4 ④
5 ③	6 ⑤	7 ③	8 ②
9 ③	10 ⑤		

08회 미니모의고사
본문 30~33쪽

1 ①	2 ①	3 ⑤	4 ④
5 ⑤	6 ③	7 ③	8 ④
9 ①	10 ②		

09회 미니모의고사
본문 34~37쪽

1 ②	2 ⑤	3 ④	4 ②
5 ①	6 ④	7 ①	8 ③
9 ⑤	10 ③		

10회 미니모의고사
본문 38~40쪽

1 ①	2 ③	3 ①	4 ①
5 ①	6 ⑤	7 ②	8 ②
9 ④	10 ④		

11회 미니모의고사
본문 41~44쪽

1 ②	2 ⑤	3 ⑤	4 ③
5 ③	6 ④	7 ⑤	8 ①
9 ①	10 ⑤		

12회 미니모의고사
본문 45~48쪽

1 ①	2 ④	3 ②	4 ⑤
5 ④	6 ④	7 ①	8 ①
9 ①	10 ②		

13회 미니모의고사
본문 49~52쪽

1 ②	2 ③	3 ②	4 ③
5 ⑤	6 ①	7 ①	8 ①
9 ②	10 ③		

14회 미니모의고사
본문 53~56쪽

1 ①	2 ①	3 ②	4 ①
5 ①	6 ③	7 ①	8 ⑤
9 ①	10 ②		

01회 미니모의고사

본문 4~7쪽

1	③	2	⑤	3	②	4	②
5	②	6	③	7	②	8	②
9	③	10	④				

1 고지자기

문제분석   지괴는 200 Ma~50 Ma 동안 저위도로 이동하였다가 50 Ma부터 현재까지 고위도로 이동하여 현재 30°S 부근에 위치한다.

정답찾기

ㄷ. 고지자기 복각의 절댓값은 지괴가 고위도에 위치할수록 크다. 즉, 지괴와 고지자기극 사이의 위도 차가 작을수록 고지자기 복각의 절댓값이 크다. 지괴와 고지자기극 사이의 위도 차는 150 Ma가 200 Ma보다 크다. 따라서 고지자기 복각의 절댓값은 150 Ma에 생성된 암석이 200 Ma에 생성된 암석보다 작다.

오답피하기

ㄱ. 지질 시대 동안 지리상 남극의 위치는 변하지 않았으며, 현재 지자기 남극과 지리상 남극은 일치한다. 따라서 50 Ma부터 현재까지 지괴는 고위도로 이동하였다.

ㄴ. 고지자기극의 위도 변화는 100 Ma~50 Ma가 50 Ma~현재보다 작다. 따라서 지괴는 100 Ma~50 Ma가 50 Ma~현재보다 느리게 이동하였다.

2 마그마의 생성

문제분석   마그마는 지구 내부의 온도가 상승할 때($A \rightarrow A'$), 맨틀 물질이 상승하여 압력이 낮아질 때($B \rightarrow B'$), 맨틀에 물이 공급되어 맨틀 물질의 용융 온도가 낮아질 때($C \rightarrow C'$) 생성될 수 있다.

정답찾기

ㄴ. 해령 하부에서는 맨틀 물질의 상승에 의한 압력 감소로 맨틀 물질이 부분 용융되면서 주로 현무암질 마그마가 생성된다. 즉, 해령에서 분출되는 마그마는 $B \rightarrow B'$ 과정으로 생성된다.

ㄷ. $A \rightarrow A'$ 과정에 의해 대륙 지각이 용융되어 유문암질 마그마가 생성되며, $C \rightarrow C'$ 과정에 의해 맨틀 물질이 용융되어 현무암질 마그마가 생성된다. 유문암질 마그마는 현무암질 마그마보다 SiO_2 함량(%)이 높다.

오답피하기

ㄱ. 맨틀 물질에 물이 공급되면 맨틀 물질의 용융 온도가 낮아져, 같은 깊이일 때보다 낮은 온도에서 마그마가 생성될 수 있다.

3 상대 연령과 절대 연령

문제분석   현무암 B에 포함된 방사성 동위 원소 X의 함량은 생성 당시의 $\frac{1}{4}$이고 X의 반감기가 1억 년이므로 B의 절대 연령은 2억 년이다. 현무암 B와 접한 b층과 a층 모두에 변성 작용을 받은 부분이 나타나는 것으로 보아 b층과 a층이 퇴적된 후에 현무암 B가 관입하였다. 이 지역에서는 b 퇴적 → a 퇴적 → B 관입 → A 관입 및 분출 순으로 지질학적 사건이 있었다.

ㄴ. b → a → B → A 순으로 생성되었고 B의 절대 연령이 2억 년이므로, A의 절대 연령은 2억 년보다 적다.

오답피하기

ㄱ. 지층 및 암석의 생성 순서는 b → a → B → A이다.

ㄷ. 현무암 A가 현무암 B를 관입하였으므로, B에서 포획암으로 존재하는 A가 발견될 수 없다.

4 대기 대순환과 지표 부근의 바람

문제분석   대기 대순환에 의해 해들리 순환이 존재하는 지표 부근에서는 동풍 계열의 무역풍이 불고, 페렐 순환이 존재하는 지표 부근에서는 서풍 계열의 편서풍이 분다. ㉠은 서풍, ㉡은 동풍이다.

정답찾기

ㄴ. B는 해들리 순환을 이루는 공기가 상승하는 곳으로 지표면 가열에 의해 저압대가 형성된다.

오답피하기

ㄱ. A는 극순환과 페렐 순환을 이루는 공기가 만나 상승하는 곳으로 한대 전선대가 형성된다. C는 해들리 순환과 페렐 순환을 이루는 공기가 만나 하강하는 곳으로 지표 부근에서 공기의 발산이 일어난다. 따라서 남북 방향의 온도 차는 A가 C보다 크다.

ㄷ. 북태평양 해류는 편서풍에 의해 형성된다. 지표 부근에 무역풍이 부는 B와 C 사이에서는 북적도 해류가 나타난다.

5 태풍의 이동과 날씨

문제분석   태풍은 저위도에서 발생하여 무역풍의 영향을 받아 이동하다가 30°N 부근에서부터 편서풍의 영향을 받아 이동한다.

정답찾기

ㄷ. 우리나라 부근에서는 태풍에 가장 가까워질수록 풍속은 빠르고 기압은 낮아지는 경향이 있다. 따라서 ㉠, ㉡, ㉢ 중 풍속이 가장 빠르면서 기압이 가장 낮은 ㉡이 태풍 중심에 가장 가깝게 위치할 때이다.

오답피하기

ㄱ. 17일 0시에 태풍의 위치는 위도 30°N에 미치지 못했으므로 태풍은 무역풍의 영향을 받아 북서쪽으로 이동하고 있다.

ㄴ. (나)에서 태풍이 통과하는 동안 풍향은 남동풍 → 남풍 → 남서풍으로 시계 방향으로 변했으므로 X 지역은 위험 반원에 위치한다. 따라서 태풍의 실제 이동 경로는 A이다.

6 주요 심층 해수와 수온 염분도

문제분석   심층 순환의 모습을 보면 심층 해수의 밀도는 A가 B보다 작다. 따라서 A는 북대서양 심층수이고, B는 남극 저층수이다. 남극 저층수는 남극 대륙 주변의 웨델해에서 만들어지며, 북대서양 심층수보다 염분과 수온이 모두 낮다.

정답찾기

ㄱ. A 순환을 형성하는 수괴는 B 순환을 형성하는 수괴보다 밀도가 작으므로 수온 염분도에서 ㉠이다.

ㄴ. 빙하가 녹은 물을 섞으면 염류의 양은 일정한 상태에서 물의 양이 증가하는 경우이므로, 같은 양의 해수 속에 들어 있는 염류의 양이

상대적으로 줄어들기 때문에 해수의 표층 염분은 낮아진다. 해수의 표층 염분이 낮아지면 해수의 밀도는 감소한다. 따라서 수괴 ⓒ에 빙하 녹은 물을 섞으면 해수의 밀도는 감소한다.

ㄷ. 해수의 밀도는 수온이 낮을수록, 염분은 높을수록 크다. 수괴 ⓒ은 수괴 ⑤보다 염분과 수온이 모두 낮으면서도 밀도는 더 큰데, 이는 염분보다 수온의 영향이 더 크기 때문이다.

7 지구 공전 궤도 이심률의 변화

문제분석 지구 공전 궤도 이심률이 현재보다 작아지면 근일점 거리는 현재보다 멀어지고, 원일점 거리는 현재보다 가까워진다. 공전 주기가 일정하면, 공전 궤도 긴반지름$\left(=\dfrac{\text{근일점 거리}+\text{원일점 거리}}{2}\right)$은 일정하다. 따라서 다른 요인의 변화가 없다면 북반구에서 겨울철은 더 추워지고, 여름철은 더 더워진다.

정답찾기

ㄷ. 지구 전체에 도달하는 태양 복사 에너지양은 지구와 태양 사이의 거리에 의해서 달라진다. 따라서 근일점과 원일점에서 지구로 입사되는 태양 복사 에너지양의 차는 지구 공전 궤도의 이심률이 큰 ⑤ 시기가 지구 공전 궤도의 이심률이 작은 ⓒ 시기보다 크다.

오답피하기

ㄱ. 현재 지구가 근일점에 위치할 때 북반구는 겨울철이고, 남반구는 여름철이다.

ㄴ. ⑤ 시기는 현재보다 지구 공전 궤도 이심률이 크다. 지구 공전 궤도 이심률이 현재보다 커지면 근일점 거리는 현재보다 가까워지고, 원일점 거리는 현재보다 멀어진다. 따라서 다른 요인의 변화가 없다면 우리나라의 겨울철은 덜 추워지고, 여름철은 덜 더워진다.

8 별의 진화 경로

문제분석 별은 질량이 클수록 진화 속도가 빠르다.

정답찾기

ㄴ. A와 B는 주계열성이므로 표면 온도가 높을수록 반지름이 크다.

오답피하기

ㄱ. A는 B보다 질량이 큰 별이다. 별의 질량이 클수록 진화 속도가 빠르므로 주계열성에서 거성으로 진화하는 데 걸리는 시간은 A가 B보다 짧다.

ㄷ. B′은 거성이므로 중심핵에서 헬륨 핵융합 반응이 일어난다.

9 식 현상을 이용한 외계 행성 탐사

문제분석 외계 행성이 중심별의 일부를 가리는 식 현상이 일어나면 중심별의 겉보기 밝기가 미세하게 감소한다.

정답찾기

ㄱ. 행성의 반지름이 작을수록 중심별이 가려지는 면적이 좁아진다. 자료에서 중심별의 겉보기 밝기 감소량은 행성 P에 의한 것이 행성 Q에 의한 것보다 작으므로 행성의 반지름은 P가 Q보다 작다.

ㄴ. 행성에 의한 식 현상이 진행되는 동안 중심별의 밝기 변화가 나타나는 시간은 행성이 중심별의 앞면을 통과하는 데 걸리는 시간과 같다. 자료에서 행성이 중심별의 앞면을 통과하는 데 걸리는 시간은 P가 Q보다 짧으므로 행성의 공전 속도는 P가 Q보다 빠르다.

ㄷ. 행성에 의한 식 현상이 일어날 때 중심별은 시선 방향에 대해 거의 수직한 방향으로 이동한다. ⑤일 때 행성 Q에 의해 식 현상이 일어나므로 중심별에서 흡수선의 편이가 최대로 나타날 수 없다.

10 우주의 구성 요소

문제분석 현재 우주는 암흑 에너지 효과에 의해 가속 팽창하고 있으며, 시간이 흐를수록 암흑 에너지 효과가 점점 더 우세해질 것으로 예측하고 있다.

정답찾기

ㄴ. (나)에서 A는 암흑 물질, B는 암흑 에너지, C는 보통 물질이다. 전자기파와 상호 작용하는 우주의 구성 요소는 보통 물질인 C이다.

ㄷ. 우주가 팽창할수록 물질(A와 C)의 밀도는 계속 감소하지만, 암흑 에너지(B)의 밀도는 일정하게 유지된다. 따라서 우주가 팽창할수록 $\dfrac{\text{B의 밀도}}{\text{A의 밀도}+\text{C의 밀도}}$ 는 점점 증가한다.

ㄱ. 물질은 우주의 팽창 속도를 감소시키는 역할을 하고, 암흑 에너지는 우주의 팽창 속도를 가속시키는 역할을 한다. t_1에서 t_2로 갈수록 암흑 에너지의 밀도가 물질의 밀도에 비해 상대적으로 커지므로 우주의 팽창 속도는 감소하다가 어느 시점을 지난 후부터 증가한다.

02회 미니모의고사

1 ①	**2** ⑤	**3** ①	**4** ②
5 ②	**6** ③	**7** ⑤	**8** ①
9 ⑤	**10** ②		

1 해양 지각의 고지자기 분포

문제분석 해양 지각에서 해저 고지자기 줄무늬는 해령과 거의 나란하며 해령을 축으로 대칭을 이룬다. 이러한 해저 고지자기 줄무늬의 대칭적인 분포는 해령에서 새로운 해양 지각이 생성되면서 확장되고 지구 자기의 역전 현상이 반복되기 때문에 나타난다.

정답찾기

ㄱ. 해령에서 생성된 해양 지각이 양쪽으로 확장되므로 해령에서 멀어질수록 해양 지각의 연령이 증가한다. A 지점의 해양 지각은 현재를 기준으로 3번째 역자극기에 생성되었고, B 지점의 해양 지각은 A 지점의 해양 지각이 생성된 후에 있었던 정자극기에 생성되었다. 따라서 해양 지각의 연령은 A 지점이 B 지점보다 많다.

오답피하기

ㄴ. B 지점의 해양 지각은 정자극기에 생성된 것이므로 생성 당시의 지구 자기장의 방향은 현재와 같았다.

ㄷ. 해양 지각의 확장 속도가 일정하다고 가정하였다. 그렇지만 고지자기 줄무늬의 간격은 일정하지 않으므로 지구 자기장의 역전 현상은 일정한 주기로 일어나지 않았다.

2 화성암의 분류

문제분석 화성암은 마그마가 냉각되어 굳어진 암석으로, 마그마의 SiO_2 함량과 산출 상태 및 조직에 따라 다양한 화성암이 생성된다.

정답찾기

ㄱ. 어두운색 광물의 함량이 많을수록 암석의 색은 어둡다. 암석의 색이 A가 안산암보다 어두우므로 어두운색 광물의 함량은 A가 안산암보다 많다.

ㄴ. 안산암과 섬록암은 SiO_2 함량이 52 %~63 %로 비슷하지만 광물 입자의 크기는 안산암보다 섬록암이 크다. 따라서 광물 입자의 크기는 ㉠에 들어갈 분류 기준으로 적절하다.

ㄷ. 광물 입자의 크기는 B가 섬록암보다 작다. 암석이 생성될 당시 마그마의 냉각 속도가 빠를수록 광물 입자의 크기가 작으므로 암석이 생성될 당시 마그마의 냉각 속도는 B가 섬록암보다 빨랐다.

3 지질 시대 생물의 멸종

문제분석 현생 누대 기간에 발생한 5회의 대규모 멸종을 5대 멸종이라고 한다. 생물 과의 멸종 비율(%)이 가장 높았던 멸종은 고생대 페름기 말에 발생했다.

정답찾기

ㄱ. ㉠ 기간은 고생대 캄브리아기~오르도비스기, ㉡ 기간은 고생대 실루리아기~페름기에 해당하므로 모두 고생대에 포함된다.

오답피하기

ㄴ. ㉡과 ㉢의 경계는 고생대와 중생대의 경계 시기이므로 삼엽충이 멸종한 시기이다. 암모나이트는 중생대 말에 멸종했다.

ㄷ. 최초의 포유류는 중생대 전기에 출현하였다. ㉣은 신생대이므로 최초의 포유류가 출현한 시기는 ㉣에 포함되지 않는다.

4 온대 저기압

문제분석 우리나라 주변에 발달한 온대 저기압에는 대체로 저기압 중심의 남서쪽에 한랭 전선이, 남동쪽에 온난 전선이 발달한다. 한랭 전선의 후면에서는 좁은 영역에 적운형 구름이 발달하고, 온난 전선의 전면에서는 넓은 영역에 층운형 구름이 발달한다. 따라서 기상 레이더 영상을 통해 전선의 위치를 파악하면 A 지점 부근에는 한랭 전선이, B 지점 부근에는 온난 전선이 분포한다는 사실을 알 수 있다.

정답찾기

ㄷ. C 지점은 21시에 온난 전선과 한랭 전선 사이에 위치하며 주로 남풍 계열의 바람이 분다.

오답피하기

ㄱ. A 지점에는 두꺼운 적운형 구름이, B 지점에는 층운형 구름이 발달해 있다. 따라서 구름의 두께는 A 지점이 B 지점보다 두껍다.

ㄴ. 21시에 A 지점은 시간당 30 mm 이상의 강한 강수가 나타나고, C 지점은 강수 현상이 거의 나타나지 않는다. 따라서 강수량은 A 지점이 C 지점보다 많다.

5 해수의 수온과 염분 분포

문제분석 우리나라 동해에서 표층 해수의 수온은 8월이 2월보다 높으며, 표층 해수의 염분은 2월이 8월보다 높다.

정답찾기

ㄴ. 수온 약층이 시작되는 깊이는 깊이가 깊어질수록 수온이 일정하다가 수온이 낮아지기 시작하는 깊이이므로, 혼합층의 두께가 두꺼울수록 수온 약층이 시작되는 깊이는 깊게 나타난다. 따라서 수온 약층이 시작되는 깊이는 혼합층이 더 두꺼운 A가 B보다 깊다.

오답피하기

ㄱ. A는 표층 수온이 낮고 표층 염분은 높은 것으로 보아 2월의 자료이다.

ㄷ. 8월에 수심 0~100 m 구간에서 깊이가 깊어질수록 수온은 낮아지고 염분은 높아진다. 따라서 8월에 수심 0~100 m 구간에서 깊이가 깊어질수록 해수의 밀도는 증가한다.

6 엘니뇨와 라니냐

문제분석 엘니뇨 시기에는 동태평양 적도 부근 해역의 표층 수온이 평년보다 높아지고, 라니냐 시기에는 동태평양 적도 부근 해역의 표층 수온이 평년보다 낮아진다. 동태평양 적도 부근 해역의 표층 수온 편차가 (+)인 A, B는 엘니뇨 시기이고, 표층 수온 편차가 (−)인 C는 라니냐 시기이다.

정답찾기

ㄱ. 평년에 비해 동태평양 적도 부근 해역에서 기압이 하강하고 서태평양 적도 부근 해역에서 기압이 상승하게 되면, 무역풍의 세기가 약해진다. 무역풍이 약해지면 엘니뇨가 발생하게 되는데, 무역풍의 세기가 약할수록 강한 엘니뇨가 발생한다.

ㄴ. 엘니뇨 시기(B)에는 열대 동태평양의 표층 수온이 상승하고, 공기
가 상승하는 지역과 강수대가 동쪽으로 이동하여, 동태평양 적도 부
근 해역에서는 평상시 또는 라니냐 시기(C)보다 구름의 양과 강수
량이 많아진다.

오답피하기

ㄷ. 심층 해수에 풍부한 영양염은 용승이 일어날 때 표층으로 운반되기
때문에, 동태평양의 표층 해수에서 영양염이 가장 많은 시기는 용승
이 가장 활발하게 일어나는 시기인 C이다.

7 한반도 기후 변화 시나리오

문제분석 과학자들은 미래 온실 기체 배출량 추이에 따라 여러 가지
시나리오를 예상하고, 각각에 대해 기후가 어떻게 변할지 기후 모형을
이용하여 예측한다.

정답찾기

ㄱ. 온실 기체 배출량이 많을수록 지구 온난화에 따른 기온 상승률이 높
으므로 ㉠이 고농도 배출 시나리오이다.

ㄴ. 최근 30년 동안은 과거 30년 동안에 비해 여름의 길이가 길고 겨울
의 길이가 짧으므로 평균 기온이 높다.

ㄷ. 과거 30년(1912년~1941년: 안쪽), 지난 30년(1981년~
2010년: 중간), 최근 30년(1991년~2020년: 바깥쪽) 동안의 겨울
길이는 각각 109일, 94일, 87일로 계속 감소하는 추세이다. 앞으로
도 온실 기체가 지속적으로 배출되어 지구 온난화가 지속되면 우리
나라의 겨울 일수는 대체로 감소할 것이다.

8 수소 핵융합 반응

문제분석 별의 중심 온도에 따라 보다 우세하게 일어나는 수소 핵융
합 반응의 종류가 달라진다.

정답찾기

ㄱ. (가)는 6개의 수소 원자핵이 여러 반응 단계를 거치는 동안 헬륨 원
자핵 1개와 수소 원자핵 2개로 바뀌면서 에너지를 생성하는 $p-p$
반응(양성자·양성자 반응)이다.

오답피하기

ㄴ. 현재 태양의 중심부 온도는 약 1500만 K이다. 이 온도에서 에너지
생성률은 A가 B보다 더 많으므로 태양에서는 A가 B보다 더 우세
하게 일어난다.

ㄷ. 중심부 온도가 1800만 K 이하인 주계열 하단부의 별은 $p-p$ 반응
이 우세하게 일어나고, 중심부 온도가 1800만 K 이상인 주계열 상
단부의 별은 CNO 순환 반응이 우세하게 일어난다. 따라서 (나)에
서 A는 $p-p$ 반응, B는 CNO 순환 반응에 해당한다. 즉, (나)에서
(가)에 해당하는 것은 A이다.

9 외계 행성계의 특징

문제분석 중심별의 광도가 클수록, 행성의 공전 궤도 반지름이 작을
수록 행성의 단위 면적에 단위 시간 동안 입사되는 중심별의 에너지양
이 많다.

정답찾기

ㄱ. (가), (나), (다)에서 중심별의 분광형이 각각 G형, F형, K형이므로
중심별의 표면 온도는 (나)>(가)>(다)이다.

ㄴ. 중심별이 모두 주계열성이므로 중심별의 광도는 (가)보다 (다)가 작
다. 한편, 행성의 단위 면적에 단위 시간 동안 입사되는 에너지양
은 (가)보다 (다)가 많으므로 중심별과 행성 사이의 거리는 (가)보
다 (다)에서 훨씬 가까워야 한다. 따라서 행성의 공전 궤도 반지름은
(가)보다 (다)가 작다.

ㄷ. (나)의 행성에 단위 면적당 단위 시간 동안 입사되는 에너지양은 지
구와 같으므로 이 행성은 생명 가능 지대에 있다. 한편, (다)의 행성
에는 지구보다 10배 많은 에너지가 입사되므로 표면 온도가 훨씬
높다. 따라서 행성 표면에 액체 상태의 물이 존재할 가능성은 (다)보
다 (나)가 크다.

10 우주 팽창과 적색 편이

문제분석 빛이 이동하는 동안 우주 팽창에 의해 적색 편이가 일어나
며 적색 편이의 크기는 빛이 이동하는 동안 우주가 팽창한 정도에 비례
한다.

정답찾기

ㄴ. 20억 년 전에 A에서 출발한 빛이 현재 우리은하에 도착하였으므로
빛이 진행한 거리는 20억 광년(=빛의 속도×20억 년)이며, 빛이
진행하는 동안 우주는 계속 가속 팽창하였으므로 현재 우리은하와
A 사이의 거리는 20억 광년보다 크다.

오답피하기

ㄱ. 이 기간 동안 우주는 가속 팽창하였으므로 우주 구성 요소 중 암흑
에너지가 차지하는 비율은 커졌다. 따라서 암흑 에너지의 비율은
10억 년 전보다 20억 년 전에 작다.

ㄷ. 이 기간 동안 우주는 가속 팽창하였으므로 우주에서 공간이 늘어난
길이는 20억 년 전~10억 년 전 사이보다 10억 년 전~0(현재) 사
이가 길다. 따라서 빛의 파장 변화량은 $(\lambda_1-\lambda_0)$보다 $(\lambda_2-\lambda_1)$이 크다.

1 ③	2 ⑤	3 ④	4 ⑤
5 ⑤	6 ③	7 ①	8 ⑤
9 ②	10 ④		

1 섭입대

문제분석   판의 섭입이 일어나는 수렴형 경계 부근에서 섭입대는 밀도가 작은 판 하부에 형성되어 있으며, 해구에서 밀도가 작은 판 쪽으로 갈수록 섭입하는 판의 깊이는 깊어진다. 섭입대의 분포를 고려할 때 판 ㉠, ㉡, ㉢의 밀도는 ㉠<㉡<㉢이다.

정답찾기

ㄱ. ㉡과 ㉢이 ㉠ 아래로 섭입하므로 ㉠이 대륙판임을 알 수 있다.

ㄴ. 판의 하부에 섭입대가 발달하면 섭입대를 따라 지진이 많이 발생한다. ㉡은 ㉠ 아래로 섭입하지만 ㉢에 의해 섭입당하고 있다. 따라서 ㉡에서 지진은 판의 서쪽보다 동쪽에서 많이 발생한다.

오답피하기

ㄷ. 섭입대의 수평 거리에 대한 수직 거리를 비교할 때 섭입하는 판의 기울기는 a−a′ 구간보다 c−c′ 구간이 크다.

2 마그마 생성 장소

문제분석   마그마는 주로 뜨거운 맨틀 물질이 상승하는 발산형 경계인 해령과 열점, 해양판이 대륙판 아래로 비스듬히 들어가는 섭입대 부근, 대륙 지각의 하부에서 생성된다.

정답찾기

ㄱ. A는 발산형 경계인 해령의 하부이다. 해령의 하부에서는 고온의 맨틀 물질이 상승하면서 압력 감소에 의해 맨틀 물질이 부분 용융되어 현무암질 마그마가 생성된다.

ㄴ. B는 해양판이 대륙판 아래로 비스듬히 들어가는 섭입대이다. 섭입대에서는 해양판이 섭입하여 온도와 압력이 상승하면 해양 지각과 퇴적물의 함수 광물에 포함된 물이 빠져나오고, 이 물의 영향으로 연약권을 구성하는 광물의 용융 온도가 낮아져 주로 현무암질 마그마가 생성된다.

ㄷ. C에서는 B에서 만들어진 현무암질 마그마가 상승해 대륙 지각 하부를 가열하여 유문암질 마그마가 생성된다. 또한 상승한 현무암질 마그마와 유문암질 마그마가 혼합되면 안산암질 마그마가 생성된다. 유문암질 마그마나 안산암질 마그마는 현무암질 마그마보다 SiO_2 평균 함량(%)이 높다.

3 표준 화석과 화석에 의한 지층 대비

문제분석   (나)의 지층에서 A, B, C, E 화석이 산출되므로 (나)의 지층은 페름기에 퇴적되었다. 표준 화석은 지질 시대 중 일정 기간에만 번성했다가 멸종한 생물의 화석으로, 지질 시대 결정과 지층 대비에 이용되며, 생존 기간이 짧을수록 표준 화석으로 적합하다.

지질 시대	생물의 생존 기간				
	A	B	C	D	E
쥐라기		↕			
트라이아스기	↕	↕	↕		
페름기	↕	↕	↕		↕
석탄기	↕		↕	↕	↕
데본기					↕

산출되는 화석   A, B, C, E

정답찾기

ㄴ. C의 생존 기간은 고생대 석탄기에서 중생대 트라이아스기까지이며, 포유류는 중생대 트라이아스기에 출현하였다.

ㄷ. (나)의 지층은 페름기에 생성되었으며, 삼엽충은 고생대 캄브리아기에 출현하여 고생대 페름기 말에 멸종하였다. 따라서 (나)의 지층이 퇴적되던 시기에 삼엽충이 생존했다.

오답피하기

ㄱ. 생존 기간만을 고려할 때 생존 기간이 짧을수록 표준 화석으로 적합하다. 따라서 생존 기간만을 고려할 때 A~E 중 표준 화석으로 가장 적합한 것은 D이다.

4 온대 저기압과 날씨

문제분석   북반구에서 온난 전선이 통과하면 바람은 대체로 남동풍에서 남서풍으로 바뀌고, 한랭 전선이 통과하면 바람은 대체로 남서풍에서 북서풍으로 바뀐다.

정답찾기

ㄱ. 관측 지역에서 관측 기간 동안 바람이 남서풍에서 북서풍으로 바뀌었다. 따라서 관측 기간 동안 통과한 전선은 한랭 전선이다.

ㄴ. 한랭 전선이 통과하면 기온이 하강하고 기압이 상승한다. 한랭 전선이 통과하여 풍향이 남서풍에서 북서풍으로 바뀔 때 A는 하강하고 B는 상승하므로, A는 기온이고 B는 기압이다.

ㄷ. 온대 저기압 중심이 통과할 때 통과 경로보다 북쪽에 위치한 지역에서는 풍향이 시계 반대 방향으로 변하고, 남쪽에 위치한 지역에서는 풍향이 시계 방향으로 변한다. 이 관측소는 온대 저기압 중심보다 남쪽에 있으므로 한랭 전선이 통과하였다. 따라서 이 기간 동안 이 지역에서의 풍향은 시계 방향으로 변하였다.

5 북반구 해양의 표층 수온 분포

문제분석   전 세계 해양의 표층 수온은 태양 복사 에너지의 영향을 가장 크게 받는다. 따라서 해양의 표층에서 등수온선은 대체로 위도에 나란하다. 그러나 대륙과 해양의 분포와 해류의 영향 등으로 등수온선이 위도에 나란하지 않은 해역도 나타난다.

정답찾기

ㄱ. 동일한 위도에서 난류가 흐르는 해역은 한류가 흐르는 해역보다 표층 수온이 높다. 30°N 부근에서 대양의 서쪽에는 난류가, 대양의 동쪽에는 한류가 흐르므로 30°N 부근에서 표층 수온은 대양의 서쪽이 동쪽보다 대체로 높다.

ㄴ. 그림을 보면 등수온선은 A 해역이 B 해역보다 조밀하다. 이는 A 해역에는 난류와 한류가 만나고 있어서 위도에 따른 표층 수온 변화가 크게 나타나기 때문이다.

ㄷ. 동일한 위도에서 표층 용존 산소량은 한류가 흐르는 해역이 난류가 흐르는 해역보다 많다. 따라서 B 해역과 C 해역은 동일한 위도에

위치하며, B 해역에는 한류가 흐르고 C 해역에는 난류가 흐르고 있
으므로, 표층 용존 산소량은 B 해역이 C 해역보다 많다.

6 심층 순환

 해수의 심층 순환은 수온이나 염분 변화에 따른 해수의 밀
도 차에 의해 일어난다. 해수가 결빙되면 염류가 주위로 빠져나와 주변
해수의 염분이 높아지고, 해빙이 일어나는 지역은 염분이 낮아진다.

ㄱ. 염분은 해수 1 kg 속에 녹아 있는 염류의 총량을 g 수로 나타낸 값
이다. 따라서 염분이 35 psu인 ㉠의 소금물 100 g에는 소금 3.5 g
이 녹아 있다.

ㄴ. 얼음을 녹인 비커 B의 물에는 소금이 거의 포함되어 있지 않기 때
문에 소금물인 비커 A의 물보다 밀도가 작다. 따라서 비커 A와 B
의 물을 각각 동시에 부으면서 물의 이동을 관찰하면 상대적으로 밀
도가 큰 비커 A의 물이 밀도가 작은 비커 B의 물 아래로 흐른다.

ㄷ. 극지방의 빙하가 녹으면 해수의 염분이 낮아져 밀도가 작아지므로
심층수의 침강 속도가 느려진다. 따라서 극지방의 빙하가 녹으면 해
수의 심층 순환이 약해질 것이다.

7 엘니뇨와 남방 진동

 적도 부근 서태평양의 기압이 평상시보다 높아지면 동태평
양의 기압은 평상시보다 낮아지고, 서태평양의 기압이 평상시보다 낮
아지면 동태평양의 기압은 평상시보다 높아지는 기압 분포의 시소 현상
을 남방 진동이라고 한다. 남방 진동 지수는 남태평양 타히티(B)의 해
면 기압 편차와 호주 북부 다윈(A)의 해면 기압 편차의 차를 수치화하
여 나타낸 것으로, 엘니뇨 시기에는 큰 음(−)의 값을 나타내고, 라니냐
시기에는 큰 양(+)의 값을 나타낸다.
열대 태평양은 평상시에 무역풍에 의해 동풍 계열의 바람이 불기 때문
에 엘니뇨 시기에는 동풍이 약해지고, 라니냐 시기에는 동풍이 강해진
다. 이때 동쪽으로 향하는 바람을 양(+)의 값으로 표현하면 엘니뇨 시
기에는 적도 부근 해역의 동서 방향 풍속 편차가 양(+)의 값이 되고,
라니냐 시기에는 적도 부근 해역의 동서 방향 풍속 편차가 음(−)의 값
이 된다. ㉠ 시기는 적도 부근 해역의 동서 방향 풍속 편차가 대체로 양
(+)의 값이므로 엘니뇨 시기이다. ㉡ 시기는 적도 부근 해역의 동서 방
향 풍속 편차가 대체로 음(−)의 값이므로 라니냐 시기이다.

ㄱ. ㉠은 엘니뇨 시기, ㉡은 라니냐 시기이므로 남방 진동 지수는 ㉠ 시
기가 ㉡ 시기보다 작다.

ㄴ. C 해역은 엘니뇨 감시 구역이다. 엘니뇨 감시 구역에서 수온 약층
이 나타나기 시작하는 깊이는 따뜻한 해수가 많이 모이는 엘니뇨 시
기(㉠ 시기)가 라니냐 시기(㉡ 시기)보다 깊다.

ㄷ. 구름이 두껍게 형성된 시기에는 해수면에 도달하는 태양 복사 에너
지양이 감소한다. 동태평양 적도 부근 해역은 엘니뇨 시기에 상승
기류가 발달하여 적운형 구름이 형성되므로 평상시에 비해 도달하
는 태양 복사 에너지양이 감소한다. 따라서 ㉠ 시기에 동태평양 적
도 부근 해역의 해수면에 도달하는 태양 복사 에너지양 편차(관측
값−평년값)는 음(−)의 값이다.

8 별의 물리량

 광도를 L, 반지름을 R, 표면 온도를 T라고 할 때 다음과
같은 관계가 성립한다.
$$L = 4\pi R^2 \times \sigma T^4 \ (\sigma: \text{슈테판·볼츠만 상수})$$

ㄱ. 광도는 ㉠이 태양의 100배이고, 최대 복사 에너지를 방출하는 파장
(λ_{max})은 ㉠이 태양의 2배이므로 표면 온도는 ㉠이 태양의 0.5배이
다. 따라서 반지름은 ㉠이 태양의 $\dfrac{\sqrt{100}}{0.5^2} = 40$배이다.

ㄴ. 광도는 ㉢이 ㉡보다 100배 크지만, 겉보기 등급은 ㉡과 ㉢이 같다.
겉보기 밝기는 거리의 제곱에 반비례하므로 지구로부터의 거리는
㉢이 ㉡의 10배가 되어야 ㉡과 ㉢의 겉보기 등급이 같다.

ㄷ. 주계열성은 광도가 클수록 표면 온도가 높다. ㉠과 ㉡은 λ_{max}가 태
양보다 크므로 표면 온도가 태양보다 낮다. 따라서 ㉠과 ㉡이 주계
열성이라면 광도가 태양보다 작아야 하므로 두 별은 모두 주계열성
이 아니다. ㉢은 태양보다 표면 온도가 높고 광도가 크므로 ㉠, ㉡,
㉢ 중 주계열성은 ㉢이다.

9 식 현상을 이용한 외계 행성 탐사

 행성에 의한 식 현상이 일어나는 데 걸리는 시간은 중심별
의 반지름, 행성의 반지름, 행성의 공전 속도와 관계가 있다.

ㄴ. t_1은 행성이 중심별의 앞쪽을 지나가는 데 걸리는 시간이므로 행성
의 공전 속도가 일정하다면, 중심별의 반지름이 클수록 크다.

ㄱ. (나)의 a는 행성이 중심별의 앞쪽을 지나갈 때 중심별의 일부를 가
리면서 나타난 겉보기 밝기 변화로 행성의 단면적에 비례한다. 따라
서 행성의 반지름이 2배가 되면 a는 4배가 된다.

ㄷ. t_2는 행성 전체가 중심별을 가리는 동안 걸리는 시간이다. $(t_1 - t_2)$
는 (행성의 일부가 중심별을 가리기 시작한 후 행성 전체가 중심별
을 가릴 때까지 걸리는 시간)×2이므로 행성의 공전 속도가 같다면
행성의 반지름이 클수록 크고, 행성의 반지름이 같다면 행성의 공전
속도가 느릴수록 크다.

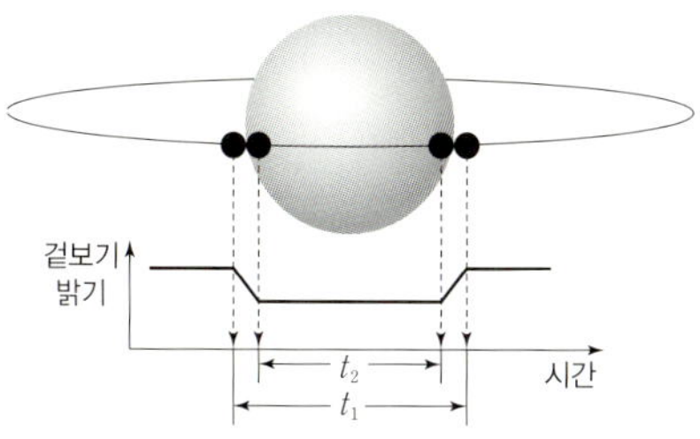

10 우주의 급팽창과 평탄 우주

 급팽창 이론에서는 우주가 전체적으로 곡률을 가지고 있더
라도 우주 생성 초기에 급격히 팽창하여 공간의 크기가 매우 커지면 관
측되는 우주의 영역은 매우 평탄하게 보인다고 주장함으로써 우주의 평
탄성 문제를 설명하였다.

ㄴ. 급팽창 이론에 따르면 우주의 급팽창이 끝난 시점(㉡)에 우주의 크
기는 관측 가능한 우주의 크기보다 훨씬 커졌고, 그에 따라 관측 가
능한 우주는 매우 평탄할 것이다.

ㄷ. 급팽창 이론을 통해 기존의 빅뱅 우주론에서 설명하기 어려웠던 우주의 평탄성 문제를 설명할 수 있다.

ㄱ. 우주의 급팽창이 시작된 ⊙ 시점 이전에는 우주의 지평선 내의 영역은 상호 작용을 통해 거의 균질하게 되었다. 이후 급팽창을 통해 이 영역은 우주의 지평선보다 훨씬 큰 규모로 확장되었기 때문에 현재 관측 가능한 우주의 영역은 거시적으로 균질하게 보인다.

04회 미니모의고사

본문 16~18쪽

1 ③	2 ③	3 ⑤	4 ④
5 ③	6 ②	7 ③	8 ⑤
9 ②	10 ②		

1 지구 자기장

문제분석 지구는 내부에 막대자석이 있는 것과 유사한 자기적 성질을 가지며, 지구가 가지고 있는 고유한 자기장을 지구 자기장이라고 한다.

정답찾기

ㄱ. 자기 적도(A)에서는 자기력선이 수평면과 나란하게 분포하고, 자북극(C)에서는 자기력선이 수평면과 수직으로 분포한다. (나)에서 자기력선은 수평면과 나란하게 분포하므로 (나)는 A의 자기력선 분포이다.

ㄴ. 복각은 자기력선과 수평면이 이루는 각이다. (다)에서 자기력선과 수평면이 이루는 각이 40°이고 자기력선의 방향이 지평선 아래를 향하므로 복각은 +40°이다.

오답피하기

ㄷ. B는 복각이 +40°이고, 자북극인 C는 복각이 +90°이다. 따라서 복각의 크기는 B보다 C에서 크다.

2 플룸 구조론

문제분석 지진파 단층 촬영 영상에서 주위보다 지진파의 속도가 느린 기둥 모양의 부분은 뜨거운 플룸에 해당한다.

정답찾기

ㄱ. (가) 지점은 동일한 깊이의 주변 지역보다 지진파의 속도가 대체로 느린데, 이는 주변보다 온도가 높기 때문이다.

ㄴ. (나)는 뜨거운 플룸에 위치한 화산체로, 뜨거운 맨틀 물질이 상승하면서 압력이 감소하는 과정에서 맨틀 물질이 용융하여 생성된 마그마가 분출한다.

오답피하기

ㄷ. (나)는 북아메리카 대륙 내에 위치한 화산체로 판의 발산형 경계에 해당하지 않는다. (나)는 열점에서 생성된 화산체에 해당한다.

3 속성 작용

문제분석 속성 작용은 퇴적물이 쌓여 퇴적암이 되기까지의 전체 과정으로, 다짐 작용과 교결 작용이 있다. 퇴적물이 속성 작용을 받으면 공극의 크기가 작아지고 물리량 $P\left(\dfrac{\text{공극의 총 부피}}{\text{퇴적물의 총 부피}}\right)$가 감소한다. 그림을 보면 A와 B 모두 깊이가 깊어질수록 물리량 $P\left(\dfrac{\text{공극의 총 부피}}{\text{퇴적물의 총 부피}}\right)$가 감소한다.

정답찾기

ㄱ. 깊이가 깊어질수록 A의 물리량 P가 감소하고, A의 평균 밀도는 증가한다.

ㄴ. 깊이가 깊어질수록 B의 물리량 P가 감소하고, B의 공극의 평균 크기도 작아진다.

ㄷ. 그림을 보면 깊이 0~140 m 구간에서 깊이에 따른 물리량 P의 평균 감소율은 A가 B보다 크다.

4 기상 위성 영상

문제분석 기상 위성 영상 중 가시 영상은 구름과 지표면에서 반사된 태양 빛이 위성에 감지되어 나타나는 것으로, 구름의 두께가 두꺼울수록 밝게 나타난다. 적외 영상은 온도가 높을수록 어둡게, 온도가 낮을수록 밝게 나타난다. (가)에서는 우리나라를 중심으로 동쪽뿐만 아니라 서쪽에서도 구름이 관측되는데 (나)에서는 서쪽 일부 지역에서 구름이 관측되지 않는다. 이것은 서쪽 일부 지역에 태양 빛이 들어오지 않은 시각에 관측하였기 때문이다. 따라서 (가)는 적외 영상, (나)는 가시 영상이다.

정답찾기

ㄴ. A 지역은 적외 영상과 가시 영상에서 모두 밝게 나타나므로, 구름의 최상부 높이가 높고 구름의 두께가 두꺼운 적란운이 분포한다. C 지역은 가시 영상에서는 밝게 나타나고 적외 영상에서는 어둡게 나타나므로, 대기 하층부에 약간 두꺼운 구름이 분포한다. 따라서 A 지역은 C 지역보다 두꺼운 구름이 발달해 있다.

ㄷ. B 지역은 적외 영상에서는 밝게 나타나고 가시 영상에서는 어둡게 나타나므로, 구름의 두께가 두껍지 않고 구름의 최상부 높이가 높은 구름이 분포한다. 따라서 대기 하층부에 구름이 분포하는 C 지역보다 B 지역에 최상부 높이가 높은 구름이 발달해 있다.

오답피하기

ㄱ. 가시 영상에서 구름이 우리나라를 중심으로 동쪽에서는 관측되는데 서쪽 일부 지역에서는 관측되지 않는 것은 영상을 촬영한 시각이 우리나라의 동쪽에서 해가 뜨고 있는 아침이었기 때문이다.

5 위도에 따른 해수의 수온 분포

문제분석 표층을 기준으로 깊이에 따라 수온이 일정한 구간을 혼합층, 등수온선 간격이 조밀한 구간을 수온 약층으로 구분한다. 8월에 혼합층이 가장 얇고 수온 약층은 두껍게 발달하며, 1월에 가까울수록 혼합층은 두꺼워지고 수온 약층은 얇아지거나 뚜렷하지 않게 된다.

정답찾기

ㄷ. 8월 이후 혼합층의 두께가 지속적으로 두꺼워졌으므로 해수면에서 평균 풍속은 점차 강해지는 경향을 보인다.

오답피하기

ㄱ. 수온 약층이 발달할수록 표층과 심해층 사이의 물질 교환이 억제된다. 8월에는 표층에서 수심 60 m 사이에 수온 약층이 뚜렷하게 나타나지만 12월에는 거의 나타나지 않는다. 따라서 수심 60 m와 표층의 물질 교환은 12월이 8월보다 원활하다.

ㄴ. 염분이 일정할 때 해수의 밀도는 수온이 높을수록 낮다. 따라서 표층 해수의 밀도는 8월이 5월보다 작다.

6 대서양의 심층 순환

문제분석 대서양에서는 그린란드 부근에서 침강한 북대서양 심층수,

남극 대륙 부근에서 침강한 남극 저층수와 60°S 부근에서 침강한 남극 중층수가 심층 순환을 이루며, 밀도가 큰 수괴가 더 아래쪽에 위치한다.

정답찾기

ㄴ. B는 그린란드 주변 해역에서 형성되어 수심 약 1500 m~4000 m 사이에서 60°S 부근까지 이동하는 북대서양 심층수이다.

오답피하기

ㄱ. A는 60°S 부근에서 형성되어 수심 1000 m 부근에서 20°N 부근까지 이동하는 남극 중층수이고, C는 남극 대륙 주변의 웨델해에서 침강한 해수로 해저를 따라 북쪽으로 이동하여 30°N 부근까지 흐르는 남극 저층수이다. 밀도가 큰 해수가 밀도가 작은 해수 아래로 흐르므로, 밀도는 C가 A보다 크다.

ㄷ. A, B, C는 심층 순환을 이루는 수괴로, 유속은 표층 해류에 비해 대체로 느리다.

7 지구 자전축의 기울기 변화와 태양과의 거리 변화

문제분석 지구 자전축의 기울기는 약 41000년을 주기로 약 21.5°~24.5° 사이에서 변한다. 지구 자전축의 기울기가 변하면 각 위도의 지표에 입사하는 태양 복사 에너지의 양이 달라지므로 기후 변화가 일어난다. 여름철 태양과 지구 사이의 거리가 가까워지면 지구의 기온은 상승한다.

정답찾기

ㄱ. (가)만을 고려할 때, 3만 년 후 지구 자전축의 기울기는 현재보다 증가하여 우리나라에서 여름철 태양의 남중 고도가 높아져 기온은 상승하고 겨울철 태양의 남중 고도가 낮아져 기온이 하강하여 기온의 연교차는 현재보다 커질 것이다.

ㄴ. (나)만을 고려할 때, 1만 년 전에 북반구 여름철 태양과 지구 사이의 거리가 가까워져서 30°N 지역에서 여름철 기온은 현재보다 높았을 것이다.

오답피하기

ㄷ. (가)와 (나)를 모두 고려할 때, 5만 년 전 지구 자전축의 기울기는 현재보다 커서 우리나라에서 여름철과 겨울철의 태양 복사 에너지양 차이는 현재보다 컸을 것이고, 여름철 태양과 지구 사이의 거리는 현재보다 가까워져 여름철 기온이 현재보다 상승하여 여름철과 겨울철의 태양 복사 에너지양 차이는 현재보다 컸을 것이다.

8 질량이 다른 주계열성의 내부 구조

문제분석 질량이 태양 질량의 약 2배보다 작은 주계열성은 중심핵 – 복사층 – 대류층의 내부 구조를 가지고, 태양 질량의 약 2배보다 큰 주계열성은 대류핵 – 복사층의 내부 구조를 가진다.

정답찾기

ㄱ. 중심핵 – 복사층 – 대류층의 내부 구조를 가지는 (나)가 (가)보다 질량이 작다. 주계열성은 질량이 클수록 반지름이 크므로, 별의 반지름은 (나)보다 (가)가 크다.

ㄴ. 주계열성의 중심부 온도가 높을수록 p – p 반응보다는 CNO 순환 반응이 우세하게 일어난다. 별의 질량이 클수록 중심부 온도가 높으므로 CNO 순환 반응은 (나)보다 질량이 큰 (가)에서 우세하게 일어난다.

ㄷ. (가)의 경우 중심부 온도가 매우 높고, 핵융합 반응이 비교적 중심부의 좁은 영역에서만 일어나기 때문에 중심부와 바깥층 사이의 온도 차가 크다. 상하부의 온도 차가 클 때 효과적인 에너지 전달 방법이 대류이므로, 질량이 큰 별의 중심부에서 생성된 에너지는 대류의 형태로 바깥층으로 전달된다. 즉, (나)의 대류층과 같은 방식으로 에너지를 전달한다.

9 시선 속도 변화를 이용한 외계 행성 탐사

문제분석　별이 관측자로부터 멀어질 때에는 적색 편이가 나타나고, 별이 관측자를 향해 접근할 때에는 청색 편이가 나타난다.

정답찾기
ㄷ. 스펙트럼의 최대 편이량($\Delta\lambda_{max}$)은 중심별의 공전 속도가 빠를수록 크다. 다른 조건이 같을 때, 행성의 질량이 커질수록 공통 질량 중심에 대한 중심별의 공전 궤도 반지름이 커지므로 공전 속도가 빨라지고 스펙트럼의 최대 편이량, 즉 $\Delta\lambda_{max}$도 커진다.

오답피하기
ㄱ. 중심별이 (가)의 A에 위치할 때 중심별은 청색 편이를 나타낸다. 즉, 중심별이 지구 쪽으로 접근하고 있다. 따라서 중심별은 A → D → C → B 방향으로 공전한다. 공통 질량 중심을 중심으로 중심별과 행성이 공전할 때, 두 천체의 공전 방향은 같으므로 행성의 공전 방향은 ⓒ이다.
ㄴ. 중심별과 행성이 공통 질량 중심을 같은 주기, 같은 방향으로 공전하므로 공통 질량 중심을 기준으로 중심별과 행성은 항상 반대 방향에 위치한다. 중심별이 D에 위치할 때 지구와 중심별과의 거리는 가장 가깝고, 지구와 행성과의 거리는 가장 멀다.

10 허블 상수

문제분석　허블은 은하들의 후퇴 속도(v)가 거리(r)에 비례한다는 사실을 알아냈으며, 이 관계를 허블 법칙이라고 한다.
$$v = H \cdot r \ (H: \text{허블 상수})$$

정답찾기
ㄴ. 우주가 일정한 속도로 팽창하였다고 가정하면 허블 상수의 역수는 우주의 나이에 해당한다. 따라서 우주의 나이는 (가)보다 (나)에서 적다.

오답피하기
ㄱ. 외부 은하의 거리와 후퇴 속도의 관계를 나타낸 그래프에서 기울기는 허블 상수에 해당한다. (가)에서 기울기는 약 500 km/s/Mpc이고, (나)에서 기울기는 500 km/s/Mpc보다 크다. 따라서 허블 상수는 (가)보다 (나)에서 크다.
ㄷ. 거리가 가까운 은하의 경우, 우주 팽창에 의해 멀어지는 후퇴 운동의 크기가 주변 은하와의 중력 작용에 의해 나타나는 운동의 크기에 비해 월등하게 크지 않다. 따라서 거리가 가까운 은하들의 경우, 후퇴 속도를 측정하여 거리를 구할 때 오차가 비교적 크게 나타난다. 그림 (가)에서 관측값이 추세선으로부터 크게 벗어난 경우가 많다는 것을 확인할 수 있다.

1 ①	**2** ③	**3** ④	**4** ⑤
5 ⑤	**6** ③	**7** ⑤	**8** ⑤
9 ①	**10** ③		

1 해양 지각의 연령과 수심

문제분석　그림 (가)에서 해양 지각 A와 해양 지각 B는 해양 지각의 연령에 따른 수심 변화가 같다. 그림 (나)에서 해령의 열곡으로부터의 거리에 따른 수심 변화는 해양 지각 A가 해양 지각 B보다 작다.

정답찾기
ㄱ. 해령의 열곡에서 새로운 해양 지각이 생성되어 양쪽으로 확장되어 간다. 따라서 해령의 열곡으로부터 멀어질수록 해양 지각의 연령은 증가한다. 그림 (가)에서 수심이 같은 지점에서 해양 지각의 연령은 해양 지각 A와 해양 지각 B가 같다. 그러나 그림 (나)에서 수심이 같은 지점에서 해령의 열곡으로부터의 거리는 해양 지각 A가 해양 지각 B보다 멀다. 따라서 해양 지각의 확장 속도는 해양 지각 A가 해양 지각 B보다 빠르다.

오답피하기
ㄴ. 그림 (나)에서 기울기는 해령의 열곡으로부터의 거리에 따른 수심 변화를 나타낸다. 그림 (나)에서 기울기는 해양 지각 A가 해양 지각 B보다 작으므로 해령의 열곡으로부터의 거리에 따른 수심 변화는 해양 지각 A가 해양 지각 B보다 작다.
ㄷ. 해양 지각의 연령이 증가할수록 수심이 깊어지는 것은 해양 지각이 확장하면서 해양 지각이 침강하기 때문이다. 그림 (가)에서 해양 지각 A와 B 모두 연령이 증가할수록 수심의 변화율이 감소하는 것으로부터 해양 지각의 연령이 증가할수록 해양 지각의 침강 속도가 감소한다는 것을 알 수 있다.

2 건열과 사층리

문제분석　지질 단면을 보면 건열과 사층리가 역전된 모습으로 나타난다. 따라서 이 지역의 지층은 역전되어 있으며, 이 지역에서 지층의 생성 순서는 셰일층 → 사질 셰일층 → 사암층이다.

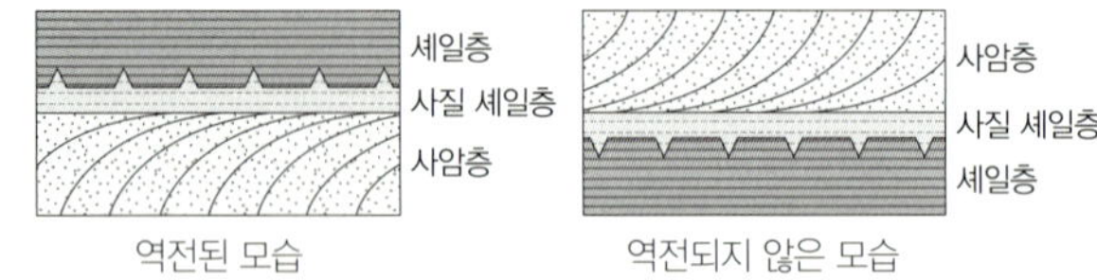

정답찾기
ㄱ. 사암은 주로 모래가 퇴적되어 만들어진 쇄설성 퇴적암이고, 셰일은 주로 점토와 실트가 퇴적되어 만들어진 쇄설성 퇴적암이다. 따라서 지층을 구성하는 입자의 평균 크기는 사암층이 셰일층보다 크다.
ㄴ. 셰일층에 건열이 발달해 있는 것으로 보아, 셰일층은 형성되는 동안 건조한 대기에 노출된 시기가 있었다.

오답피하기
ㄷ. 건열과 사층리가 역전된 모습으로 나타나는 것으로 보아 셰일층은 사질 셰일층보다 먼저 퇴적되었다.

3 지질 시대의 생물

문제분석 (가): 화성암 내부에 A층이 포획암으로 존재하고 A층에 변성된 부분이 있는 것으로 보아 화성암이 A층을 관입하였다.
(나): A층 내부에서 화성암의 침식물이 나타나는 것으로 보아 화성암이 생성된 이후에 A층이 퇴적되었다.
방사성 동위 원소 X의 반감기가 1억 년이고 (가)의 화성암에서 (X의 함량 : 자원소의 함량)이 (50 % : 50 %)인 것으로 보아, (가) 화성암의 절대 연령은 1억 년이다. 방사성 동위 원소 X의 반감기가 1억 년이고 (나)의 화성암에서 (X의 함량 : 자원소의 함량)이 (25 % : 75 %)인 것으로 보아, (나) 화성암의 절대 연령은 2억 년이다.
암석의 생성 순서는 (나)의 화성암(절대 연령: 2억 년) → A층(해성층) → (가)의 화성암(절대 연령: 1억 년)이다. 따라서 A층(해성층)에서 산출될 수 있는 화석은 2억 년 전~1억 년 전에 생존했던 해양 생물이다. 2억 년 전~1억 년 전은 중생대에 속한다.

정답찾기
④ 암모나이트는 해양 동물이고 중생대 표준 화석이다.

오답피하기
① 삼엽충은 해양 동물이고 고생대 표준 화석이다.
② 화폐석은 해양 동물이고 신생대 표준 화석이다.
③ 공룡은 육상 동물이고 중생대 표준 화석이다.
⑤ 방추충은 해양 동물이고 고생대 표준 화석이다.

4 온대 저기압과 날씨

문제분석 우리나라 부근에서 온대 저기압은 편서풍의 영향을 받아 대체로 서쪽에서 동쪽으로 이동하며 날씨 변화를 일으킨다. 따라서 일기도의 작성 순서는 (가) → (나)이다.

정답찾기
ㄱ. (가)에서 (나)로 변하는 동안 온대 저기압의 중심 기압이 낮아졌다. 따라서 이 기간 동안 온대 저기압의 세력은 강해졌다.
ㄴ. (가)의 A는 주변보다 기압이 높은 곳으로 고기압이 위치한다. 따라서 A에는 하강 기류가 나타난다.
ㄷ. 등압선만을 고려할 때, 풍속은 등압선 간격이 좁을수록 빠르다. 따라서 (나)에서 풍속은 B가 C보다 빠르다.

5 엘니뇨와 라니냐

문제분석 엘니뇨 시기에 동태평양 적도 부근 해역에서는 연안 용승이 약해지고, 해수면이 높은 서태평양에서 동쪽으로 따뜻한 해수가 이동하여 태평양 중앙부에서 페루 연안에 이르는 해역의 표층 수온이 상승한다. 라니냐 시기에 동태평양 적도 부근 해역에서는 연안 용승이 강해지고, 따뜻한 해수는 서태평양 쪽으로 더욱 집중되므로 페루 연안의 한랭 수역이 확대되어 평상시보다 태평양 적도 부근 해역에서 표층 수온의 동서 간 차이가 커진다. (가)는 라니냐 시기, (나)는 엘니뇨 시기이다.

정답찾기
ㄱ. 무역풍의 세기는 라니냐 시기가 엘니뇨 시기보다 강하다.
ㄴ. 서태평양 적도 부근 해역에서 강수량 편차(관측값−평년값)는 서태평양에 따뜻한 해수가 집중되는 라니냐 시기에 큰 값을 나타낸다. 따라서 (가) 시기에 서태평양 적도 부근 해역에서 강수량 편차는 양(+)의 값이다.

ㄷ. 동태평양 적도 부근 해역에서 20 °C 등수온선의 깊이는 따뜻한 해수가 서태평양에서 태평양 중앙부와 동태평양으로 많이 이동하는 엘니뇨 시기가 평상시보다 깊게 나타난다. 따라서 (나) 시기에 동태평양 적도 부근 해역에서 20 °C 등수온선의 깊이 편차(관측값−평년값)는 양(+)의 값이다.

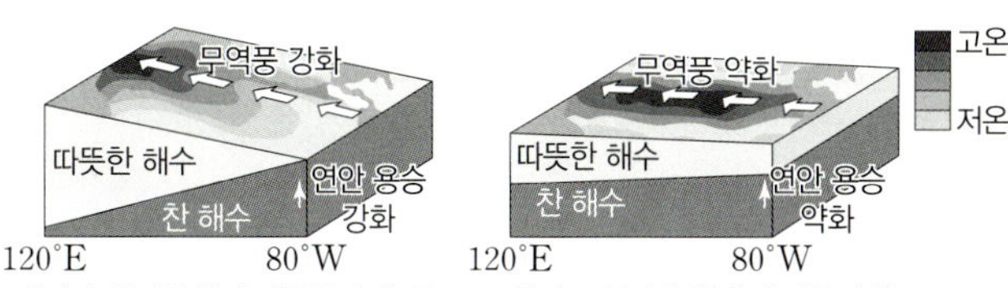

라니냐 시기의 열대 태평양 수온 구조   엘니뇨 시기의 열대 태평양 수온 구조

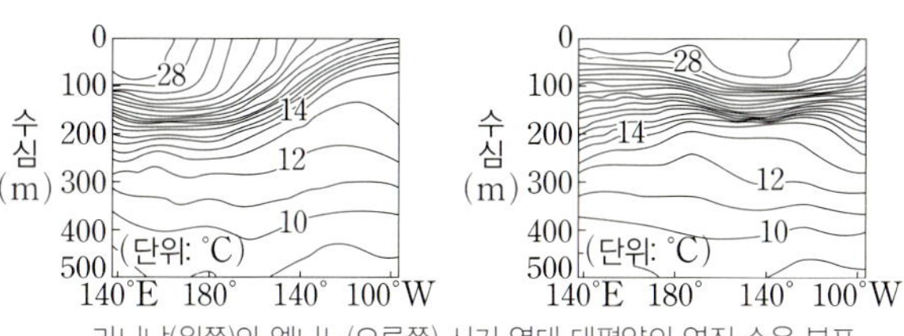

라니냐(왼쪽)와 엘니뇨(오른쪽) 시기 열대 태평양의 연직 수온 분포

6 황사

문제분석 황사는 중국 북부나 몽골의 사막 또는 건조한 황토 지대에서 강한 바람이 불어 상공으로 올라간 모래 먼지가 상층의 편서풍을 타고 이동하여 발생하며, 우리나라에 많은 피해를 일으킨다.

정답찾기
ㄱ. 고비 사막과 내몽골 고원에서 황사가 발원하여 우리나라에 발생한 월별 황사 일수는 4월에 가장 많다.
ㄴ. 우리나라에서 황사 발생 일수가 많은 봄철에 황사 발원지에서는 대체로 상대 습도가 낮고 풍속이 빨랐다. 따라서 봄철 황사는 발원지에서 풍속이 빠르고 상대 습도가 낮을 때 발원할 가능성이 높다.

오답피하기
ㄷ. 황사 발원지에서 모래 폭풍에 의해 모래 먼지가 발생한다고 해서 우리나라에 반드시 황사가 발생하는 것은 아니다. 우리나라에서 황사가 발생하기 위해서는 황사 발원지에서 발생한 모래 먼지가 상승 기류를 타고 상승하여 편서풍을 타고 우리나라까지 이동한 후 서서히 하강해야 하므로 우리나라의 기상 상태도 파악해야 한다. 따라서 발원지의 기상 상태를 파악한다고 해서 우리나라에 황사가 발생할지 여부를 판단할 수 있는 것은 아니다.

7 별의 물리량

문제분석 별의 표면 온도가 높을수록 최대 복사 에너지를 방출하는 파장(λ_{max})이 짧다. 별의 광도는 반지름의 제곱에, 표면 온도의 네제곱에 비례한다.

정답찾기
ㄱ. 빈의 변위 법칙에 의하면 최대 복사 에너지를 방출하는 파장(λ_{max})은 표면 온도(T)에 반비례한다. a의 λ_{max}가 b의 $\frac{1}{2}$배이므로 a의 표면 온도는 b의 2배인 6000 K이다. 즉, a는 주계열성인 태양과 표면 온도, 광도가 비슷하므로 주계열성이다.
ㄴ. c의 표면 온도는 b의 4배이므로, c의 λ_{max}는 b의 λ_{max}인 1000 nm의 $\frac{1}{4}$배인 250 nm이다. 따라서 ㉠은 250이다.

ㄷ. 광도(L)는 반지름(R)의 제곱에, 표면 온도(T)의 네제곱에 비례한다 ($L \propto R^2 \cdot T^4$). b의 광도는 c의 10^6배이고, b의 표면 온도는 c의 $\frac{1}{4}$ 배이므로 b의 광도, 반지름, 표면 온도를 각각 L_b, R_b, T_b, c의 광도, 반지름, 표면 온도를 각각 L_c, R_c, T_c라고 할 때 $\frac{L_b}{L_c} = \frac{R_b^2 \cdot T_b^4}{R_c^2 \cdot T_c^4}$, $\frac{10^6}{1} = \frac{R_b^2 \cdot 1^4}{R_c^2 \cdot 4^4}$, $\frac{R_b^2}{R_c^2} = 10^6 \cdot 4^4$, $\frac{R_b}{R_c} = 16000$이다. 따라서 b의 반지름(R_b)은 c의 반지름(R_c)의 10000배보다 크다.

8 별의 진화

문제분석 A는 적색 거성이고, B는 원시별이며, C는 정역학 평형 상태에 있는 주계열성이다.

정답찾기

ㄱ. 중심부에 수소가 존재하는 별은 원시별과 주계열성이다. 적색 거성은 중심부의 수소를 모두 소진한 별이므로 A는 적색 거성이다.

ㄴ. 별의 중심부 온도는 적색 거성인 A가 원시별인 B보다 높다.

ㄷ. 태양이 진화하는 동안 가장 오랫동안 머무르는 단계는 주계열 단계이다.

9 생명 가능 지대

문제분석 주계열성인 중심별의 질량이 클수록 중심별로부터 생명 가능 지대까지의 거리가 멀고, 생명 가능 지대의 폭이 넓다.

정답찾기

ㄱ. (가)는 (나)보다 생명 가능 지대까지의 거리가 멀고, 생명 가능 지대의 폭이 넓다. 따라서 중심별의 질량은 A가 B보다 크다.

오답피하기

ㄴ. a와 c는 모두 생명 가능 지대보다 안쪽에 위치하므로, 생명 가능 지대에 위치한 행성보다 온도가 높아 액체 상태의 물이 존재하기 어렵다. A와 B가 적색 거성으로 진화하면 광도가 커지므로 a와 c의 온도는 더욱 높아져 생명 가능 지대에 위치할 수 없다.

ㄷ. 중심별의 질량은 A가 B보다 크다. 주계열성의 질량이 클수록 주계열 단계에 머무르는 시간이 짧으므로, 생명 가능 지대에 머무를 수 있는 시간은 중심별의 질량이 큰 b가 중심별의 질량이 작은 d보다 짧다.

10 가속 팽창 우주

문제분석 현재 우주는 암흑 에너지 밀도(ρ_A)가 물질 밀도(ρ_m)보다 크며, 암흑 에너지의 영향으로 가속 팽창하고 있다.

정답찾기

ㄱ. 그림에서 적색 편이(z)가 1.0일 때, Ⅰa형 초신성의 겉보기 등급은 A로 예측한 값이 B로 예측한 값보다 크다. 최대로 밝아졌을 때 Ⅰa형 초신성의 절대 등급이 같으므로 겉보기 등급이 클수록 거리가 먼 초신성에 해당한다. 따라서 $z = 1.0$인 Ⅰa형 초신성의 거리는 A로 예측했을 때가 B로 예측했을 때보다 멀다.

ㄴ. A는 Ⅰa형 초신성의 관측 자료와 잘 일치한다. 현재 우주는 가속 팽창하고 있으므로 A는 가속 팽창하는 우주 모형에 해당한다.

오답피하기

ㄷ. (가)와 (나)는 둘 다 $\dfrac{\rho_m}{\rho_c} + \dfrac{\rho_A}{\rho_c} = 1$이므로 암흑 에너지 밀도($\rho_A$)와 물질 밀도($\rho_m$)의 합이 임계 밀도와 같은 평탄 우주이지만, (나)는 암흑 에너지가 없으므로 물질의 인력에 의해 팽창 속도는 점점 감소할 것이다. 반면 (가)는 척력으로 작용하는 암흑 에너지의 밀도(ρ_A)가 물질 밀도(ρ_m)보다 크므로 우주가 가속 팽창하게 된다. 따라서 (가)는 모형 A, (나)는 모형 B에 해당한다.

1 판 구조론의 정립

문제분석　(가)는 대륙 이동설, (나)는 해저 확장설, (다)는 맨틀 대류설이다.

정답찾기

B. 고지자기 줄무늬가 해령의 열곡과 거의 나란하며 해령을 축으로 대칭적으로 분포하는 것은 해저 확장설의 증거이다.

오답피하기

A. 판게아는 고생대 말에 형성된 초대륙이다.

C. 홈스는 맨틀 내의 방사성 원소의 붕괴열과 고온의 지구 중심부에서 맨틀로 공급되는 열에 의해 맨틀 상하부의 온도 차가 발생한다고 설명했다.

2 호상 열도의 형성

문제분석　호상 열도는 해양판의 섭입이 일어나는 수렴형 경계 부근에서 발달하는 화산 지형이다. 밀도가 큰 해양판이 밀도가 작은 판 아래로 섭입할 때 밀도가 작은 판 위의 해양에는 호상 열도가 형성될 수 있다.

정답찾기

ㄱ. 해양판의 섭입이 일어나는 수렴형 경계 부근에서는 해양판이 섭입하는 과정에서 섭입대를 따라 지진이 주로 발생하므로, 해구에서 ⊙ 판 쪽으로 갈수록 진원의 평균 깊이가 깊어진다. 따라서 (나)는 a−a′ 구간의 진원 분포에 해당한다.

ㄴ. b−b′ 구간은 수렴형 경계와 호상 열도 사이에 위치하므로 b−b′ 구간의 하부에는 ⓒ 판이 ⊙ 판 아래로 섭입하는 과정에서 발달하는 베니오프대가 존재한다.

오답피하기

ㄷ. 호상 열도를 이루는 화산암체는 해양판의 섭입 과정에서 발생한 물의 작용에 의해 주로 ⊙ 판 하부의 연약권과 ⓒ 판이 용융되면서 발생한 마그마에 의해 형성되었다.

3 상대 연령

문제분석　지사학의 여러 법칙을 적용하여 지층 및 암석의 생성 순서를 판단할 수 있다.

정답찾기

(나). C 지층이 침식된 이후에 B 지층과 A 지층이 퇴적되었다. 그리고 이후에 A, B, C 지층이 단층 작용을 받았다. 따라서 생성 순서는 C → B → A이다.

오답피하기

(가). C 화성암이 B 지층을 관입하였고, B 지층과 C 화성암이 침식된 이후에 A 지층이 퇴적되었다. 따라서 생성 순서는 B → C → A이다.

(다). B 지층이 침식된 이후에 A 지층이 퇴적되었다. 그리고 이후에 화

4 태풍의 이동 경로에 따른 풍향 변화

문제분석　태풍 주변에서는 공기가 저기압성 회전을 하면서 바람이 불게 되므로, 북반구에서는 기압이 낮은 중심부를 향해서 시계 반대 방향으로 바람이 불어 들어간다. 따라서 태풍 이동 경로의 오른쪽(위험 반원)에 위치하면 태풍 통과 시 풍향이 시계 방향으로 변하고, 태풍 이동 경로의 왼쪽(안전 반원)에 위치하면 태풍 통과 시 풍향이 시계 반대 방향으로 변한다.

정답찾기

ㄴ. 관측소에서 관측한 시간별 풍향은 시계 방향으로 바뀌었기 때문에 관측소는 태풍 이동 경로의 오른쪽(위험 반원)에 위치해야 한다. 따라서 태풍의 실제 이동 경로는 a이다.

오답피하기

ㄱ. 이 기간에 태풍이 우리나라에 상륙했으므로 태풍에 공급되는 수증기의 양은 지속적으로 증가하지 않는다.

ㄷ. 24일 03시에 관측소의 기압이 가장 낮았고(984.9 hPa) 다시 점차 증가하여 24일 15시에는 992.5 hPa을 기록하였다. 기압이 낮아지다가 다시 높아진 것은 관측소로부터 태풍의 중심이 멀어진 결과이기 때문에 24일 15시 이후에 관측소와 태풍 중심까지의 거리가 가장 가깝지 않다.

5 수온 염분도 해석

문제분석　수온 염분도는 해수의 수온, 염분, 밀도를 한 그래프 안에 표시한 것으로, 수온 염분도를 이용하면 해수의 밀도를 알아낼 수 있다. 해수의 밀도는 수온이 낮을수록, 염분이 높을수록 커진다.

정답찾기

ㄷ. 같은 질량의 A와 B를 섞으면 수온과 염분이 중간값을 가지게 되므로 A와 B를 섞은 해수의 밀도는 1.0275 g/cm^3보다 크다.

오답피하기

ㄱ. 수온 염분도에서 수온은 위로 갈수록 높아지므로 가장 위에 위치한 C가 수온이 가장 높다.

ㄴ. 수온 염분도에서 염분은 오른쪽으로 갈수록 높아지고 왼쪽으로 갈수록 낮아지므로, 같은 세로줄에 위치한 B와 C는 염분이 같다. 수온 염분도에서 수온은 아래로 갈수록 낮아지므로, B는 C보다 수온이 낮다. B는 C와 염분은 같지만 C보다 수온이 낮아 밀도가 더 크다. 따라서 B와 C의 밀도 차는 염분보다 수온의 영향이 더 크다.

6 연안 용승

문제분석　우리나라 동해안에 남풍이 지속적으로 불 때, 표층 해수가 외해로 이동하여 이를 보충하기 위해 심층의 찬 해수가 올라와 주변 해역보다 수온이 낮은 저수온대가 형성된다.

정답찾기

ㄱ. 이 자료와 같이 동해안에 저수온대가 형성되기 위해서는 표층 해수가 외해로 이동하고, 심층의 찬 해수가 올라와야 한다. 그러기 위해서는 남풍이 지속적으로 불어야 하는데, 우리나라에서는 겨울철보다 여름철에 남풍 계열의 바람이 빈번하다.

ㄷ. 연안 용승이 일어나면 표층 해수가 외해로 이동하여 연안의 해수면 높이가 낮아지므로, 해수면의 높이는 A 해역이 B 해역보다 낮다.

ㄴ. 영양염은 규산염, 인산염, 질산염 등과 같이 식물성 플랑크톤의 영양분이 되는 물질로, 해양 생물체의 배출물과 유해를 많이 포함하는 심층 해수에 풍부하다. 심층의 찬 해수가 올라오는 용승이 일어날 때, 심층 해수에 풍부한 영양염이 표층으로 운반된다. 따라서 심층에서 표층으로 운반되는 영양염의 양은 용승이 일어나 수온이 낮은 A 해역이 외해인 B 해역보다 많다.

7 엘니뇨와 라니냐

 엘니뇨 시기에는 무역풍이 약해지고, 태평양 적도 부근 표층 해수의 동서 방향 수온 차와 해수면 높이 차가 작아진다.

ㄱ. 태평양 적도 부근 표층 해수의 겨울철 동서 방향 수온 차가 ㉠ 시기에는 크고 ㉡ 시기에는 작다. 따라서 ㉠은 라니냐 시기, ㉡은 엘니뇨 시기이다.

ㄴ. (나)에서 동태평양 적도 부근 해역의 따뜻한 해수층의 두께가 평년보다 증가한 것을 알 수 있다. 따라서 (나)는 엘니뇨 시기인 ㉡ 시기에 관측된 결과이다.

ㄷ. 엘니뇨 시기에는 서태평양 적도 부근 해역의 해수면 높이가 평상시보다 낮아지고 동태평양 적도 부근 해역의 해수면 높이는 평상시보다 높아진다. 그렇지만 태평양 적도 부근 해역의 해수면의 동서 방향 기울기가 감소하는 것이지 기운 방향이 바뀌는 것은 아니다.

8 태양의 진화

 현재 태양의 중심부에는 수소 핵융합 반응이 일어나고 있으므로 수소의 질량비는 점점 감소하고, 헬륨의 질량비는 점점 증가한다.

ㄱ. 태양이 주계열 단계에 처음 도달했을 때와 현재의 질량비를 비교하면, 중심부에서 원소의 질량비가 (가)는 감소했고 (나)는 증가했다. 따라서 (가)는 수소 핵융합 반응의 반응물인 수소의 질량비이고, (나)는 생성물인 헬륨의 질량비이다.

ㄴ. (나)는 태양의 중심에서 표면까지 헬륨의 질량비를 나타낸 것이며, 태양이 주계열 단계에 처음 도달했을 때에는 태양의 중심에서 표면까지 헬륨이 골고루 분포하였다. 이는 태양이 원시별 단계에 있을 때에도 태양의 중심핵에 헬륨이 존재하였다는 의미이다.

ㄷ. 수소 핵융합 반응은 반응물인 수소의 양이 많을수록, 온도가 높을수록 더 활발하게 일어난다. 주계열 단계에 처음 도달했을 때 수소는 태양 전체적으로 골고루 분포하였으므로, 온도가 높은 중심부가 바깥쪽에 비해 반응이 더 활발하게 일어난다. (가)에서 주계열 단계에 처음 도달했을 때와 현재의 수소 질량비를 비교하면, 중심부의 수소 감소량이 중심으로부터의 거리가 20만 km인 지점에 비해 더 많이 감소하였는데, 이는 수소 핵융합 반응이 태양의 중심에서 더 활발하기 때문이다.

9 외계 행성계의 생명 가능 지대

 생명 가능 지대는 별의 주위에서 물이 액체 상태로 존재할 수 있는 거리의 범위이다. 중심별이 주계열성인 경우 별의 질량이 클수록 광도가 크므로 생명 가능 지대까지의 거리가 멀고, 생명 가능 지대의 폭이 넓다.

ㄱ. (가)의 중심별은 분광형이 K0형인 주계열성이므로 태양보다 표면 온도가 낮고 광도가 작다. 따라서 생명 가능 지대의 폭은 (가)가 태양계보다 좁다.

ㄴ. 중심별의 광도는 (가)보다 (나)가 크다. 따라서 행성이 중심별에서 같은 거리에 있을 때 중심별로부터 행성의 단위 면적에 입사되는 에너지양은 행성 ㉠이 ㉡보다 적다.

ㄷ. 중심별의 질량은 (가)가 (나)보다 작고, 행성의 질량과 중심별로부터의 거리는 (가)와 (나)가 같다. 따라서 지구에서 관측할 때 행성에 의한 중심별의 시선 속도 변화량은 중심별의 질량이 작은 (가)가 (나)보다 크다.

10 외부 은하의 적색 편이

 외부 은하의 후퇴 속도(v)와 흡수선의 파장 변화량[$\Delta\lambda$＝관측 파장(λ)－고유 파장(λ_0)] 사이에는 다음과 같은 관계가 성립한다.

$$v = c \times \frac{\Delta\lambda}{\lambda_0} \ (c: \text{빛의 속도})$$

ㄱ. A, B, C에서 모두 고유 파장보다 관측 파장이 길게 관측되었으므로 적색 편이가 나타난다.

ㄴ. 스펙트럼에서 관측된 수소선의 파장 변화량은 A가 25 nm, B가 5 nm, C가 45 nm이다. 우리은하로부터의 거리가 멀수록 후퇴 속도가 빨라서 적색 편이가 크게 나타나므로, 우리은하로부터의 거리는 B<A<C이다.

ㄷ. A, B, C는 동일한 시선 방향에 위치하며 우리은하로부터 A, B, C까지의 거리는 가장 가까운 B까지의 거리를 기준으로 할 때 각각 5배, 1배, 9배에 해당한다. 따라서 C를 기준으로 B까지의 거리는 A까지 거리의 2배이고, C에서 관측할 때 후퇴 속도는 B가 A의 2배이다.

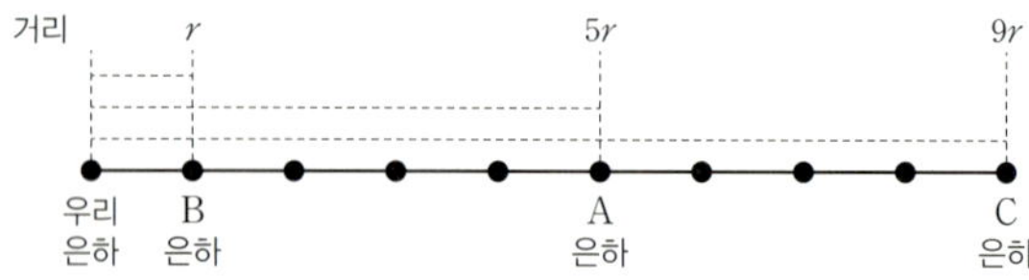

1 ④	2 ④	3 ③	4 ④
5 ③	6 ⑤	7 ③	8 ②
9 ③	10 ⑤		

1 해저 확장

문제분석 맨틀 대류가 상승하는 위치를 경계로 판이 서로 멀어지는 발산형 경계가 형성된다. 따라서 발산형 경계로부터 멀리 떨어진 해양 지각일수록 오래 전에 생성된 암석으로 구성되어 있다.

정답찾기

ㄱ. B는 발산형 경계인 동태평양 해령의 동쪽에 위치하므로 동태평양 해령을 축으로 해저가 동서 방향으로 확장함에 따라 동쪽으로 이동하고, C는 발산형 경계인 대서양 중앙 해령의 서쪽에 위치하므로 대서양 중앙 해령을 축으로 해저가 동서 방향으로 확장함에 따라 서쪽으로 이동한다. B와 C가 각각 포함된 두 판이 서로 모여들고 있으므로 두 지점 사이에는 수렴형 경계가 존재한다.

ㄷ. 판의 발산형 경계인 동태평양 해령을 사이에 두고 있는 A와 B 지점의 해양 지각 연령은 약 1000만 년~2000만 년 사이이다.(회색 음영의 위치로 볼 때 1000만 년대 초반이다.) 따라서 1000만 년 전의 A와 B 사이의 거리는 현재 거리에서 970만 년 이내에 해당하는 가장 검은 음영 영역을 제외한 거리 정도가 될 것이다. 반면 C와 D는 같은 판에 위치하는 두 지점이므로 두 지점 사이의 거리는 큰 변화가 없다. 따라서 약 1000만 년 전에는 A와 B 사이의 거리가 C와 D 사이의 거리보다 가까웠다.

오답피하기

ㄴ. C는 D보다 대서양 중앙 해령으로부터의 거리가 멀다. 대서양 중앙 해령은 발산형 경계이므로 대서양 중앙 해령에서 먼 해양 지각일수록 연령이 많다. 따라서 해양 지각의 연령은 C가 D보다 많다. 해저 퇴적물은 해양 지각 생성 직후부터 퇴적되기 시작하므로 해양 지각의 연령이 많을수록 해저 퇴적물 최하층의 연령도 많다. 따라서 해저 퇴적물 최하층의 연령은 C가 D보다 많다.

2 화석에 의한 지층 대비

문제분석 각 지층에서 산출되는 화석을 비교하면 지층 상호 간의 관계를 파악할 수 있다. (나)의 하반에는 b와 c가 산출되는 층(위에서 두 번째)이 있다. (가)의 시대별 산출 상황을 보면 이 조합은 Ⅲ 시기에 퇴적된 지층에서만 가능하므로 이 지층은 지질 시대 Ⅲ 시기에 퇴적된 것이다. 또, 이 지층과 인접한 하부층에는 a와 d 화석이 산출되므로 Ⅱ 시기에 퇴적된 것이고, 인접한 상부층에는 a와 b가 산출되므로 Ⅳ 시기에 퇴적된 것이다. 문제의 조건에서 지층은 (가)의 지질 시대에 따라 구분하였다고 하였으므로 결과적으로 남은 ㉠층은 지질 시대 Ⅰ 시기에 퇴적된 것이다. 상반의 산출 화석을 보면 가운데 지층에서 a와 d 화석이 산출되므로 (가)의 산출 상황에 따라 이 지층은 Ⅱ 또는 Ⅲ 시기에 퇴적된 것이다. 그런데 Ⅱ 시기에 퇴적된 층이라면 그 하부층에는 Ⅰ 시기의 지층이 존재해야 하므로 d 화석은 산출될 수 없다. 따라서 c와 d가 산출되는 하부층이 Ⅱ, a와 d가 산출되는 중간층이 Ⅲ 시기에 퇴적된 것이다. 이때 단층으로 이동한 두 암반의 지층 순서는 같아야 하므로 b 화

석만 산출되는 상반의 가장 위 지층은 하반의 최상층과 같은 시기에 퇴적된 지층이다.

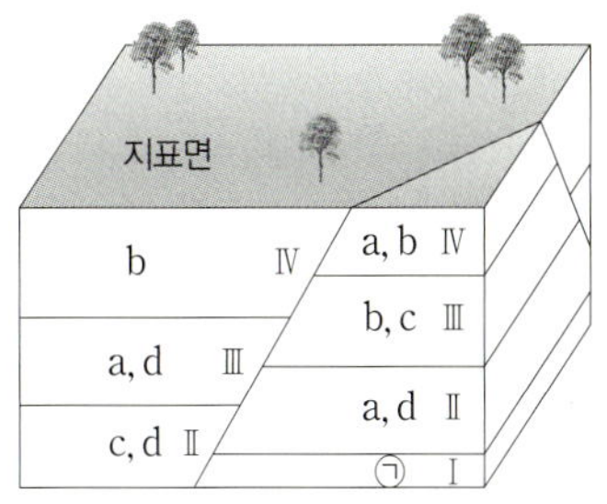

정답찾기

ㄱ. 상반의 a와 d가 산출되는 지층과 하반의 b, c가 산출되는 지층이 지질 시대 Ⅲ에 퇴적된 것이다. 이 지층의 단층면에서의 상대적 이동을 보면, 단층면을 경계로 상반이 아래로 이동하였으므로 이 단층은 정단층이다.

ㄴ. ㉠은 지질 시대 Ⅰ에 퇴적된 것이므로 a나 c 중 한 가지만 산출되거나 a와 c가 모두 산출될 수 있다.

오답피하기

ㄷ. b가 산출되는 상반의 최상층 생성 시기가 하반의 최상층과 같은 지질 시대 Ⅳ에 퇴적된 것이므로 이 지역의 지표면에는 지질 시대 Ⅴ에 퇴적된 지층은 나타나지 않는다.

3 방사성 동위 원소의 반감기

문제분석 방사성 동위 원소의 반감기는 방사성 동위 원소가 붕괴하여 처음 함량의 반으로 줄어드는 데 걸리는 시간이다. 1억 년 전에 B에 포함된 X의 함량이 100 %이고 현재 B에 포함된 X의 함량이 50 %이므로, X의 반감기는 1억 년이다. 화성암 생성 당시에 X의 함량이 100 %이고 1억 년 전에 A에서 X의 함량이 50 %였으므로, 현재 A의 절대 연령은 2억 년(=2 반감기×1억 년)이다. 화성암 생성 당시에 X의 함량이 100 %였고 현재 B에서 X의 함량이 50 %이므로, 현재 B의 절대 연령은 1억 년(=1 반감기×1억 년)이다.

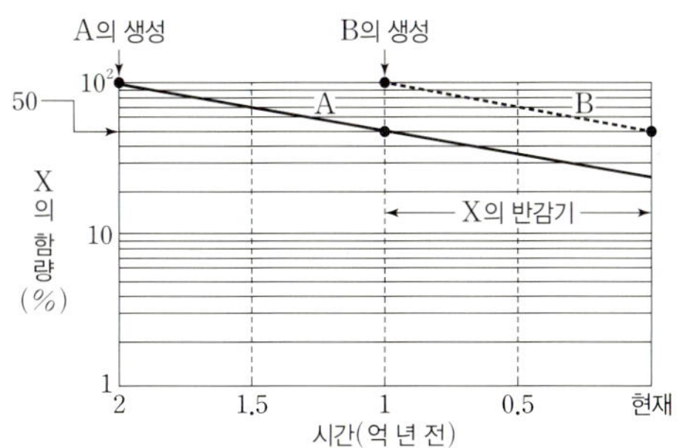

정답찾기

ㄱ. 방사성 동위 원소 X의 반감기는 1억 년이다.

ㄴ. 현재 A의 절대 연령은 2억 년이고 현재 B의 절대 연령은 1억 년이다. 따라서 현재 B의 절대 연령은 A의 $\frac{1}{2}$이다.

오답피하기

ㄷ. 현재 A의 X 함량은 25 %이고 B의 X 함량은 50 %이므로, 현재 $\frac{\text{B의 X 함량}}{\text{A의 X 함량}}$ 은 2이다. 현재로부터 1억 년 후에 A의 X 함량은 12.5 %이고 B의 X 함량은 25 %이므로 현재로부터 1억 년 후에

$\dfrac{\text{B의 X 함량}}{\text{A의 X 함량}}$도 2이다. 이와 같이 시간이 경과해도 방사성 동위 원소의 반감기는 일정하게 유지되므로, 현재로부터 1억 년 동안 $\dfrac{\text{B의 X 함량}}{\text{A의 X 함량}}$은 일정하다.

4 우리나라의 악기상

문제분석 우리나라에 자주 발생하는 주요 악기상에는 뇌우, 집중 호우, 폭설, 강풍, 우박, 황사 등이 있다. 집중 호우는 태풍이나 장마 전선의 영향을 받을 때 나타나기 쉽고, 폭설은 겨울철에 발달한 저기압이 한반도를 통과하거나 찬 기단이 접근하는 과정에서 변질되어 기층이 불안정해지는 경우에 나타나기 쉽다.

정답찾기

ㄴ. (가)는 폭설이 내릴 때의 영상이고, (나)는 우리나라 여름철에 장마 전선이 발달한 시기의 영상이다. 산사태는 경사면의 토양이 물로 포화될 때 발생하기 쉽다. 눈은 녹기 전까지는 지표면 위에 그대로 쌓이므로 산사태를 일으키는 직접적인 원인은 아니다. 산사태는 집중 호우에 의해 빗물이 토양의 공극을 채울 때 발생하기 쉬우므로 강수에 의한 산사태 발생 가능성은 (가)보다 (나)가 크다.

ㄷ. (가)와 (나)는 모두 오후 6시 해가 질 무렵에 촬영한 영상이다. 가시 영상의 경우 오후 6시에는 햇빛이 도달하지 않는 한반도 동쪽 지역이 촬영되지 않으므로 (가)가 가시 영상이다. 적외 영상은 구름이나 지표가 온도에 따라 방출하는 적외선 에너지양의 차이를 이용하는 것으로, 밤에도 모든 지역이 촬영된다.

오답피하기

ㄱ. (가)는 겨울철에 찬 시베리아 기단이 황해상을 지나는 동안 열과 수증기를 공급받아 불안정해지면서 발생한 구름의 영상이다. 따라서 차가운 시베리아 기단이 우리나라로 확장할 때 나타나는 현상이므로 서해안을 따라 정체 전선이 형성되는 시기가 아니다.

5 대기 대순환과 기압대

문제분석 적도 지역에는 저압대가 형성되고, 위도 30° 부근에서는 고압대가 형성된다.

정답찾기

ㄱ. 적도 지역은 저압대가 형성되므로 상승 기류가 발달하여 강수량이 많다. 따라서 A는 평균 해면 기압, B는 (강수량−증발량)이다.

ㄴ. 표층 해수의 평균 염분은 (강수량−증발량)이 작을수록 높다. 따라서 (강수량−증발량)이 큰 적도 지역보다 (강수량−증발량)이 작은 ㉠ 해역에서 표층 해수의 평균 염분이 높다.

오답피하기

ㄷ. ㉡ 해역은 남반구에서 중위도 고압대(위도 30° 부근)와 한대 전선대(위도 60° 부근) 사이에 위치하므로 지표 부근에서 편서풍이 분다. 따라서 ㉡ 해역에서는 편서풍의 영향으로 서쪽에서 동쪽으로 남극 순환 해류가 흐른다.

6 대서양의 심층 순환

문제분석 심층 순환은 해수의 밀도 차에 의해 발생한다. 저위도에서 고위도로 이동하는 표층 해류가 주위로 열을 빼앗겨 수온이 낮아지거

나, 극지방의 표층 해수가 얼면서 염분이 높아질 때 해수의 밀도가 커져 가라앉는다.

정답찾기

ㄱ. (가)에서 극 지역의 표층 해수가 적도 지역의 표층 해수보다 수온과 염분이 낮다. 따라서 대서양에서 심층 순환이 발생하는 원리를 이해하기 위해서는 적도 수조에는 극 수조보다 수온과 염분이 높은 물을 채워야 한다.

ㄴ. 적도 수조의 물보다 극 수조의 물의 밀도가 크다. 따라서 위쪽과 아래쪽 콕을 열면 아래쪽 연결관에서는 극 수조 쪽에서 적도 수조 쪽으로, 위쪽 연결관에서는 적도 수조 쪽에서 극 수조 쪽으로 물이 흐른다. 따라서 (나)의 위쪽과 아래쪽 콕을 열면 아래쪽 연결관에서 물은 ㉠ 방향으로 흐른다.

ㄷ. 해수의 밀도는 주로 수온과 염분에 의해 결정되며 수온이 낮을수록, 염분이 높을수록 밀도가 크다. 대서양 극 해역의 해수는 적도 해역의 해수보다 수온과 염분이 낮다. 대서양 극 해역의 해수는 적도 해역의 해수보다 염분이 낮지만, 밀도가 더 큰 이유는 수온이 낮기 때문이다. 따라서 대서양에서 심층 순환의 발생은 염분보다 수온의 영향을 더 많이 받는다.

7 지구의 열수지

문제분석 지구는 복사 평형을 이루고 있다. 지구 전체에서 에너지 흡수량과 방출량은 같고, 대기에서 에너지 흡수량과 방출량은 같으며, 지표면에서 에너지 흡수량과 방출량은 같다.

정답찾기

ㄱ. 지표면에서 에너지 흡수량과 방출량은 같으므로, (지표면에 흡수되는 태양 복사 에너지양 45 단위＋대기로부터 지표면에 흡수되는 에너지양 B)와 (지표면에서 대류·전도·잠열에 의해 방출하는 에너지양 29 단위＋지표면에서 복사로 방출하는 에너지양 A)는 같다. 따라서 $45+B=29+A$이므로 A와 B의 차는 16이다.

ㄴ. 대기 중 온실 기체의 농도가 높아지면 지구 온난화에 의해 지표의 온도가 상승한다. 지표의 온도가 상승하면 지표로부터 복사의 형태로 방출되는 에너지양 A가 증가한다.

오답피하기

ㄷ. 대규모 화산 분출에 의해 대기로 분출된 화산재가 성층권까지 올라가면 지구의 반사율이 높아진다. 따라서 대규모 화산 분출은 C를 증가시키는 역할을 한다.

8 별의 광도와 플랑크 곡선

문제분석 플랑크 곡선은 표면 온도 T인 흑체가 단위 면적당 단위 시간에 방출하는 복사 에너지의 세기를 파장에 따라 나타낸 것으로 복사 에너지를 최대로 방출하는 파장(λ_{max})은 $\lambda_{max} \propto \dfrac{1}{T}$의 관계가 있다.

정답찾기

ㄴ. 별의 반지름과 표면 온도를 각각 R, T라고 할 때 별의 광도(L)는 $L \propto R^2 \cdot T^4$의 관계가 성립하므로, $\dfrac{L_A}{L_B}=\dfrac{R_A{}^2 \cdot T_A{}^4}{R_B{}^2 \cdot T_B{}^4}$에서 $\dfrac{T_A{}^4}{T_B{}^4}=\dfrac{100}{16} \cdot \dfrac{1}{10^2}=\dfrac{1}{16}$이 되므로 A의 표면 온도가 B보다 낮다.

오답피하기

ㄱ. 광도가 큰 별은 절대 등급이 작으므로 A의 절대 등급은 B보다 작다.

ㄷ. 별 A의 표면 온도가 별 B보다 낮으므로 별 A의 플랑크 곡선은 복
사 에너지를 최대로 방출하는 파장이 더 긴 ⓒ이다. 플랑크 곡선에
서 복사 에너지를 최대로 방출하는 파장(λ_{max})은 별의 표면 온도
(T)에 반비례한다.

9 우주의 급팽창

문제분석 급팽창 이론(인플레이션 이론)은 빅뱅 직후 우주가 급격히
팽창했다는 이론이다. 기존의 빅뱅 우주론에서 설명하기 어려운 여러
가지 문제점을 급팽창 이론으로 설명할 수 있다.

정답찾기

ㄷ. (가)에서 (나)로 우주가 팽창할 때, 우주의 크기는 우주의 지평선 크
기보다 더 빠르게 커졌다. 우주의 지평선이 팽창하는 속도는 빛의
속도에 해당하므로 이 기간 동안 우주는 빛보다 빠르게 팽창한 시기
가 있었음을 알 수 있다.

오답피하기

ㄱ. (가)는 우주의 급팽창이 일어나기 이전 시기의 모습이다. 이 시기에
는 원자핵이 존재하지 않았다.

ㄴ. (나)일 때 우주의 크기는 우주의 지평선보다 크다. 상호 작용을 위한
정보 전달 속도는 빛의 속도보다 빠를 수 없으므로 (나)에서 우주는
전체적인 상호 작용이 불가능하다.

10 정역학 평형 상태

문제분석 중력은 별의 중심 방향으로, 기체 압력 차에 의한 힘은 중
력의 반대 방향으로 작용하며, 두 힘의 크기가 다를 때 별은 수축하거나
팽창한다. 반면 정역학 평형 상태는 중력과 기체 압력 차에 의한 힘이
평형을 이루는 상태로, 이때 별은 수축하거나 팽창하지 않고 반지름이
거의 일정하게 유지된다.

정답찾기

ㄱ. ⊙은 중력이 기체 압력 차에 의한 힘보다 크므로 별은 수축한다. 따
라서 ⊙일 때 별의 반지름은 작아진다.

ㄴ. ⓒ은 중력과 기체 압력 차에 의한 힘이 같은 정역학 평형 상태에 해
당한다.

ㄷ. ⓒ은 기체 압력 차에 의한 힘이 중력보다 크므로 별은 팽창한다.
(나)의 a→b 과정은 주계열 단계가 끝난 후 별의 외곽부가 팽창하
여 반지름이 커지는 과정에 해당한다. 즉, (나)의 a→b 과정에서
별은 (가)의 ⓒ 상태에 있다.

1 ①	2 ①	3 ⑤	4 ④
5 ⑤	6 ③	7 ③	8 ④
9 ①	10 ②		

1 열점

문제분석 하와이 열도와 엠퍼러 해산군은 태평양판 내부에 있는
열점에 의해 형성되었다.

정답찾기

ㄱ. 열점에서 화산 활동이 일어나 새로운 화산섬이 만들어진다. 따라서
가장 최근에 만들어진 화산섬, 즉 나이가 가장 적은 A의 하부에 열
점이 있으며, 현재 화산 활동이 일어난다.

오답피하기

ㄴ. 약 43.4백만 년 전 무렵에 해산군의 배열 방향이 바뀐 것은 이 무렵
판의 이동 방향이 바뀐 것을 의미한다. 약 43.4백만 년 전 이전에는
판이 북북서 방향으로 이동했고, 이후에 판은 북서 방향으로 이동하
고 있으므로, 약 43.4백만 년 전 무렵 판의 이동 방향은 시계 반대 방
향으로 변했다.

ㄷ. 판의 이동 속도는 열점에서 형성된 화산섬이 현재 지점까지 이동
하는 데 걸리는 시간으로부터 구할 수 있다. 즉, 판의 이동 속도는
$\dfrac{\text{열점(A)으로부터의 거리}}{\text{나이}}$이며, (나)에서 기울기의 역수에 해당한다.

따라서 최근 43.4백만 년 동안 태평양판의 평균 이동 속도는

약 $\dfrac{380000000\ \text{cm}}{43400000\text{년}} = 8.8\ \text{cm/년}$으로 10 cm/년보다 작다.

2 변동대에서의 마그마 생성

문제분석 발산형 경계인 해령의 하부에서는 현무암질 마그마가 생성
되고, 해양판이 대륙판 아래로 섭입하는 수렴형 경계 부근에서는 현무암
질 마그마, 유문암질 마그마, 안산암질 마그마가 모두 생성될 수 있다.

정답찾기

ㄱ. 발산형 경계에서는 천발 지진이 발생하고, 해양판이 대륙판 아래로
섭입하는 수렴형 경계에서는 천발~심발 지진이 발생한다. 천발 지
진이 주로 발생하는 A는 발산형 경계에 위치해 있으며, 발산형 경
계는 맨틀 대류의 상승부에 형성된다. 따라서 A는 맨틀 대류의 상
승부에 위치한다.

오답피하기

ㄴ. 해양판이 대륙판 아래로 섭입하는 B 부근에서는 맨틀과 대륙 지각
이 부분 용융되어 마그마가 생성된다.

ㄷ. A의 하부에서는 현무암질 마그마가 생성되고, B의 하부에서는 현
무암질 마그마와 유문암질 마그마가 혼합되어 안산암질 마그마가
생성될 수 있으므로 안산암질 마그마의 분출에 의한 화산 활동이 일
어날 가능성은 A보다 B가 크다.

3 지질 단면 해석

문제분석 변성암 D를 화성암 C가 관입하였고, (C, D)와 B층은 부
정합 관계이며, B층과 A층도 부정합 관계이다. 이 지역에서 암석의 생

성 순서는 D → C → B → A이다.

⑤ 평행 부정합은 부정합면을 경계로 상하 지층이 나란한 부정합이고, 경사 부정합은 상하 지층의 경사가 서로 다른 부정합이며, 난정합은 부정합면의 하부에 심성암이나 변성암이 분포하는 부정합이다. (C, D)와 B층 사이에 나타나는 부정합면은 난정합면이고, B층과 A층 사이에 나타나는 부정합면은 경사 부정합면이다.

① A층에서 공룡 발자국 화석이 산출되는 것으로 보아, A층은 중생대 지층이다.

② B층에서 삼엽충 화석이 산출되는 것으로 보아, B층은 고생대 지층이다.

③ C와 D에 침식된 흔적이 나타나고 B층 하부에 기저 역암이 나타나는 것으로 보아, (C, D)와 B층은 부정합 관계이다. B층이 퇴적되기 전에 C와 D가 침식되었다.

④ 화성암 C가 변성암 D를 관입하였다. 따라서 가장 먼저 생성된 암석은 변성암 D이다.

4 온대 저기압과 날씨

  온대 저기압의 중심이 관측소의 북쪽 지역을 통과하면 풍향이 시계 방향으로 바뀌고, 관측소의 남쪽 지역을 통과하면 풍향이 시계 반대 방향으로 바뀐다.

ㄱ. 이날 (가)에서는 남동풍, 남서풍, 북서풍이 불었으므로 온대 저기압의 중심이 관측소의 북쪽 지역을 통과하였다. 한편, (나)에서는 주로 북풍 계열의 바람이 불었으므로 온대 저기압의 중심이 관측소의 남쪽 지역을 통과하였다. 따라서 (가)는 (나)보다 남쪽에 위치한다.

ㄴ. 한랭 전선의 후면에서는 북서풍이 불고 찬 공기의 영향을 받으며, 온난 전선과 한랭 전선 사이에서는 남서풍이 불고 따뜻한 공기의 영향을 받는다. 따라서 (가)에서 기온은 ㉠(북서풍)보다 ㉡(남서풍)을 관측한 시각에 높았을 것이다.

ㄷ. (나)는 온대 저기압의 중심보다 북쪽에 위치하므로 하루 동안 풍향은 대체로 시계 반대 방향으로 바뀌었을 것이다.

5 동해의 수온, 염분, 용존 산소량 분포

  동해에서는 동한 난류와 북한 한류가 만난다.

ㄱ. 난류는 수온과 염분이 높고, 영양염과 용존 산소량이 적어 식물성 플랑크톤이 적다. 반면 한류는 수온과 염분이 낮고, 영양염과 용존 산소량이 많아 식물성 플랑크톤이 많다. a는 수온이 높은 해역에서 적고, 수온이 낮은 해역에서 많다. 반면 b는 수온이 높은 해역에서 많고, 수온이 낮은 해역에서 적다. 따라서 a는 용존 산소량 분포, b는 염분 분포이다.

ㄴ. 수온 약층은 표층 수온이 높은 곳에서 뚜렷하다. 따라서 수온 약층은 표층 수온이 낮은 ㉢ 지점보다 표층 수온이 높은 ㉠ 지점에서 뚜렷하게 나타난다.

ㄷ. 동해에서는 동한 난류와 북한 한류가 만난다. ㉡ 지점 부근을 기준으로 표층 수온, 용존 산소량, 염분이 대체로 크게 변한다. 따라서 ㉡ 지점 부근에서 동한 난류와 북한 한류가 만난다.

6 기온 모델 적용 결과와 실제 기온 변화

  지구의 기온은 기후 변화를 일으키는 지구 내적 요인 중 자연적 요인뿐만 아니라 인위적 요인을 함께 고려하였을 때 높아진다. 산업혁명 이후 산림이 파괴되고, 화석 연료의 사용이 급격히 증가하여 온실 기체가 대량으로 방출되면서 지구 온난화가 일어난 것이다.

ㄱ. 기온 모델을 적용한 기온 변화는 지구 내적 요인 중 자연적 요인뿐만 아니라 인위적 요인을 함께 고려했을 때 실제 기온 변화와 잘 일치한다. 따라서 ㉠은 지구 내적 요인 중 자연적 요인과 인위적 요인을 모두 고려한 경우이고, ㉡은 지구 내적 요인 중 자연적 요인만을 고려한 경우이다.

ㄴ. ㉠(지구 내적 요인 중 자연적 요인＋인위적 요인)과 ㉡(지구 내적 요인 중 자연적 요인)의 차가 1960년 이전보다 1960년 이후에 더 크므로, 인위적 요인에 의한 지구 온난화는 1960년 이전보다 이후에 더 크다.

ㄷ. 지구의 기온이 높으면 대륙 빙하의 면적이 감소하고, 해수면의 높이는 높아진다. 반대로 지구의 기온이 낮으면 대륙 빙하의 면적이 증가하고 해수면의 높이는 낮아진다. 따라서 1920년은 2000년보다 기온이 낮고, 해수면의 높이가 낮으므로 대륙 빙하의 면적은 넓었을 것이다.

7 별의 스펙트럼형

  별의 대기를 구성하는 기체는 온도에 따라 이온화되는 정도가 다르고, 각각 가능한 이온화 단계에서 특정한 흡수선을 형성하기 때문에 별빛의 스펙트럼에는 별들마다 다양한 흡수선이 나타난다.

ㄱ. HI 흡수선은 A형 별에서 가장 강하다.

ㄴ. G형 별에서 표면 온도가 낮을수록 CaII 흡수선의 세기가 강하다. G8형인 c가 G2형인 b보다 표면 온도가 낮은 별이므로 CaII 흡수선의 세기는 b보다 c에서 강하게 나타난다.

ㄷ. 별은 표면 온도가 높을수록 이온화된 흡수선이, 표면 온도가 낮을수록 분자 흡수선이 강하게 나타나는 경향이 있다.

8 별의 내부 구조

  주계열성 내부에서 수소 핵융합 반응이 끝나면 중심에 헬륨핵이 생성되고, 헬륨핵의 중력 수축으로 발생한 에너지가 중심부 외곽에 공급되어 헬륨핵 외곽(수소 껍질)에서 수소 핵융합 반응이 일어난다. 또한, 바깥층은 팽창하여 크기가 커지므로 (가)와 같은 내부 구조를 가진다. 중심부 온도가 계속 상승하여 약 1억 K에 도달하면 헬륨 핵융합 반응이 일어나 탄소와 산소로 구성된 핵이 만들어지므로 (나)와 같은 내부 구조를 가진다.

ㄴ. ㉠은 수소 껍질(수소각)로, 헬륨핵이 수축하는 과정에서 발생한 열에너지에 의해 온도가 상승하여 수소 핵융합 반응이 일어난다.

ㄷ. ㉡은 헬륨 핵융합 반응을 하는 중심핵이다. 주계열 단계 이후 수축하던 헬륨핵의 온도가 약 1억 K에 이르면 헬륨 핵융합 반응이 일어나 탄소가 생성된다.

오답피하기
ㄱ. 주계열성의 중심부에서 수소 핵융합 반응이 끝나면 중심부에는 헬륨 핵이 생성되며, 헬륨 핵융합 반응이 일어날 때까지 중심부에서 중력 수축이 일어나므로, 주계열 단계 직후의 내부 구조는 (가)와 같다.

9 허블 법칙

문제분석 C의 후퇴 속도 $v=c\times\dfrac{\varDelta\lambda}{\lambda_0}=300000\ \text{km/s}\times\dfrac{7\ \text{nm}}{500\ \text{nm}}=$ $4200\ \text{km/s}$이고, 은하까지의 거리 $r=\dfrac{v}{H}=\dfrac{4200\ \text{km/s}}{70\ \text{km/s/Mpc}}=60\ \text{Mpc}$ 이다. C에서 B를 관측했을 때, B가 $3500\ \text{km/s}$의 속도로 멀어진다는 것은 B와 C 사이의 거리(r)가 $r=\dfrac{v}{H}=\dfrac{3500\ \text{km/s}}{70\ \text{km/s/Mpc}}=50\ \text{Mpc}$ 이라는 것을 의미한다. 만약 A와 C가 같은 방향에 있다면 세 은하가 모두 동일 방향에 있어야 하므로 조건에 위배된다. 따라서 A와 C는 서로 반대 방향에 위치한다. 한편 B와 C 사이의 거리가 $50\ \text{Mpc}$이고, A와 B 사이의 거리가 이 값보다 작아야 하므로 세 은하는 아래와 같이 위치해야 한다.

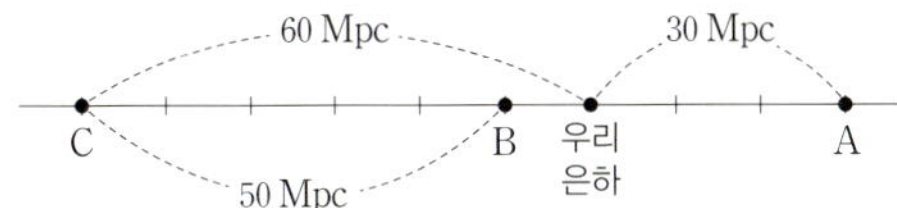

정답찾기
ㄱ. A의 거리는 $30\ \text{Mpc}$이므로 후퇴 속도 $v=H\cdot r=70\ \text{km/s/Mpc}$ $\times30\ \text{Mpc}=2100\ \text{km/s}$이고, $500\ \text{nm}$의 기준 파장(λ_0)을 갖는 흡수선의 파장 변화량 $\varDelta\lambda=\lambda_0\times\dfrac{v}{c}=500\ \text{nm}\times\dfrac{2100\ \text{km/s}}{300000\ \text{km/s}}$ 이므로 A의 스펙트럼에서 $500\ \text{nm}$의 기준 파장을 갖는 흡수선은 $503.5\ \text{nm}$로 관측된다.

오답피하기
ㄴ. 가장 빠른 속도로 멀어지는 은하는 우리은하로부터 가장 먼 거리에 있는 C이다.
ㄷ. C와 A 사이의 거리가 $90\ \text{Mpc}$이므로 C에서 A를 관측하면 A는 $v=H\cdot r=70\ \text{km/s/Mpc}\times90\ \text{Mpc}=6300\ \text{km/s}$의 속도로 멀어질 것이다.

10 우주의 팽창 속도

문제분석 우주의 팽창 속도는 시기에 따라 달랐으며 초기 우주에서 가장 컸고, 그 이후 감소하다가 다시 증가하는 경향을 보인다.

정답찾기
ㄴ. (나) 시기에 우주의 팽창 속도는 점점 증가하고 있으므로 우주는 가속 팽창하고 있다.

오답피하기
ㄱ. (가) 시기에 우주의 팽창 속도가 감소하고 있으나 여전히 우주는 팽창하고 있다.
ㄷ. 단위 시간 동안 우주의 크기 변화는 우주의 팽창 속도를 의미한다. 현재로부터 대략 65억 년 전에 팽창 속도가 가장 작은 시기가 있었으나 팽창이 멈춘 것은 아니므로 팽창 속도가 0인 시기는 없었다.

09 미니모의고사

09 _회 미니모의고사

본문 34~37쪽

1 ②	2 ⑤	3 ④	4 ②
5 ①	6 ④	7 ①	8 ③
9 ⑤	10 ③		

1 대륙 이동과 지질 구조의 연속성

문제분석 베게너는 현재 서로 떨어져 있는 북아메리카 대륙과 유럽 대륙의 산맥 분포가 연속성을 가지며, 대서양 양쪽 해안에서 발견되는 암석 분포와 지질 구조가 대륙들 간에 연속성을 보인다는 사실을 대륙 이동의 증거로 제시하였다.

정답찾기
B. 판게아가 형성될 때 산맥 (가)와 (나)가 같이 형성되어 연결되어 있었고, 이후 대륙 이동에 의해 북아메리카 대륙과 유럽 대륙이 분리되면서 산맥 (가)와 (나)도 분리되었다. 따라서 두 산맥의 지질 구조는 유사하다.

오답피하기
A. 판게아가 형성되면서 산맥 (가)와 (나)가 형성되었고, 그 후 판게아가 분리되면서 대서양이 형성되었다.
C. 산맥 (나)는 판게아가 형성될 당시에 형성되었고, 알프스산맥은 신생대에 유라시아판과 아프리카판이 충돌하여 형성되었다. 따라서 산맥 (나)는 알프스산맥보다 먼저 형성되었다.

2 화석에 의한 지층 대비

문제분석 고생대 표준 화석인 삼엽충과 중생대 표준 화석인 암모나이트와 암상을 이용해 (가), (나), (다)를 지층 대비하면 다음 그림과 같다.

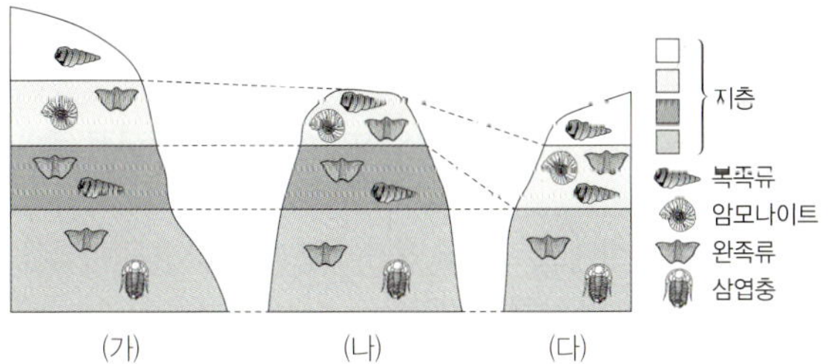

정답찾기
⑤ 완족류 화석은 고생대 표준 화석인 삼엽충 화석과 함께 산출되기도 하고 중생대 표준 화석인 암모나이트 화석과도 함께 산출되기도 한다. 따라서 완족류는 고생대 말에 멸종하지 않았다.

오답피하기
① (가), (나) 중에서 가장 새로운 지층은 복족류만 산출되는 지층이며 이 지층은 (가)에 분포한다.
② (나)와 (다)를 비교해 보면 (다)에는 완족류와 복족류만이 산출되는 지층이 존재하지 않는다. 따라서 (다)에는 부정합이 있다.
③ 삼엽충은 고생대 표준 화석이다. 따라서 (가), (나), (다) 모두에서 가장 오래된 지층은 고생대 지층이다.
④ 표준 화석은 지질 시대 중 일정한 기간에만 번성했다가 멸종한 생물의 화석으로, 생존 기간이 짧고 분포 면적이 넓을수록 표준 화석으로 적합하다. 암모나이트는 (가), (나), (다) 모두에서 산출되며 특정한 시기의 지층에서만 산출되고, 복족류는 (가), (나), (다) 모두에서

산출되며 다양한 시기의 지층에서 산출된다. 따라서 암모나이트는
복족류보다 표준 화석으로 적합하다.

3 열점

문제분석 열점에서는 뜨거운 플룸이 상승하여 생성된 마그마가 지각
을 뚫고 분출하여 화산 활동이 일어난다. 뜨거운 플룸은 맨틀과 외핵의
경계에서 상승하므로 맨틀이 대류하여 판이 이동해도 열점의 위치는 변
하지 않는다.

정답찾기

ㄴ. 열점은 고정된 지점에서 마그마가 분출하므로 판의 이동을 따라 화
   산 활동의 흔적이 분포하게 된다. 따라서 열점에 의한 화산 활동 흔
   적의 분포를 통해 판의 이동 방향을 추정할 수 있다.
ㄷ. A 지점의 열점에 의한 화산 활동 흔적이 북서쪽으로 배열된 것으로
   보아 A 지점이 속한 판은 북서쪽으로 이동한다. B 지점의 열점에
   의한 화산 활동 흔적이 대체로 동쪽으로 배열된 것으로 보아 B 지
   점이 속한 판은 대체로 동쪽으로 이동한다. A 지점이 속한 판과 B
   지점이 속한 판은 서로 멀어지므로 A 지점과 B 지점 사이에는 발
   산형 경계가 있다.

오답피하기

ㄱ. 열점은 해양과 대륙 모두에 분포한다. 북아메리카 대륙, 아프리카
   대륙 등에도 열점이 존재한다.

4 온난 전선과 한랭 전선

문제분석 온난 전선이 통과한 후에는 기온이 상승하고 기압이 하강
한다. 한랭 전선이 통과한 후에는 기온이 하강하고 기압이 상승한다.

정답찾기

ㄴ. $T_1 \sim T_2$ 사이에 기온이 급격히 낮아지는 것으로 보아 한랭 전선이 통
   과하였다.

오답피하기

ㄱ. ㉠에서 기온이 상승하므로 기압은 하강해야 한다. 따라서 ㉠의 기압
   변화는 ㉣이다.
ㄷ. ㉣은 기압이 낮아지므로 온난 전선이 통과할 때이다. 따라서 비가
   내렸다면 약한 비가 내렸을 것이다.

5 해수의 수온 연직 분포

문제분석 혼합층은 바람의 혼합 작용으로 인해 깊이에 따라 수온이
거의 일정한 층이며, 수온 약층은 혼합층 아래에서 깊이가 깊어질수록
수온이 급격히 낮아지는 층이다.

정답찾기

ㄱ. 바람에 의한 혼합 작용이 없다면 수면에서 수온이 가장 높고, 수심
   이 깊어질수록 수온이 낮아져야 하므로 (나)의 결과는 ㉠이고, 선풍
   기 바람의 혼합 작용으로 깊이에 따라 수온이 일정한 구간이 있는
   ㉡은 (다)의 결과이다.

오답피하기

ㄴ. 구간 A는 깊이가 깊어질수록 수온이 급격히 낮아지는 수온 약층에
   해당한다. 심해층의 수온은 계절에 관계없이 거의 일정하므로, 우리
   나라에서 수온 약층은 표층 수온이 높은 여름철이 표층 수온이 낮은
   겨울철보다 뚜렷하다.

ㄷ. ㉡에서 깊이에 따른 밀도 변화는 수온이 거의 일정한 1~3 cm 구간
   보다 깊이가 깊어질수록 수온이 낮아지는 3~5 cm 구간이 크다.

6 표층 해류의 역할

문제분석 표층 해류는 저위도의 에너지를 고위도로 수송하는 역할을
하며, 전 세계의 기후와 해양 환경에 영향을 미친다.

정답찾기

ㄴ. ㉢은 북대서양의 저위도에서 고위도 쪽으로 흐르는 난류인 멕시코
   만류이다.
ㄷ. 난류는 저위도에서 고위도 쪽으로 흘러 저위도의 남는 에너지를 고
   위도로 수송한다.

오답피하기

ㄱ. 난류의 영향을 받는 지역은 겨울철 평균 기온이 동일 위도의 다른
   지역에 비해 높은 편이다. 유럽의 서쪽 지역은 멕시코 만류가 열을
   공급하므로, 영국의 런던이 비슷한 위도에 있는 캐나다의 퀘벡보다
   1월 평균 기온이 높다. 따라서 ㉠은 ㉡보다 작다.

7 지구의 공전 궤도 이심률 변화와 기후 변화

문제분석 지구의 공전 궤도는 약 10만 년을 주기로 원에 가까워졌다
가 좀 더 납작한 타원 모양으로 변한다. 지구의 공전 궤도 이심률이 커
지면 북반구에서 여름(원일점 부근)에는 태양과 지구 사이의 거리가 멀
어지고 겨울(근일점 부근)에는 태양과 지구 사이의 거리가 가까워지므
로, 기온의 연교차가 작아진다.

정답찾기

ㄱ. 지구의 공전 궤도가 원에 가까울수록 공전 궤도 이심률이 작고, 납
   작한 타원일수록 공전 궤도 이심률이 크다. 따라서 지구의 공전 궤
   도 이심률은 A일 때가 B일 때보다 크다.

오답피하기

ㄴ. 지구의 공전 궤도 이심률이 커지면 북반구에서 여름에는 태양과 지
   구 사이의 거리가 멀어지고 겨울에는 태양과 지구 사이의 거리가 가
   까워지므로, 기온의 연교차가 작아진다. 따라서 우리나라 기온의 연
   교차는 공전 궤도 이심률이 큰 A일 때가 B일 때보다 작다.
ㄷ. A 시기에 남반구는 지구가 원일점에 위치할 때보다 근일점에 위치
   할 때 태양의 남중 고도가 높다. 따라서 A 시기에 지구가 근일점에
   위치할 때 남반구는 여름철이다.

8 허블 법칙

문제분석 허블 법칙은 은하들의 후퇴 속도(v)와 거리(r)의 비례 관계
를 나타낸 법칙으로, 다음과 같이 나타낼 수 있다.

$$v = H \times r \ (H : \text{허블 상수})$$

정답찾기

ㄱ. 외부 은하에서 관측한 우리은하의 후퇴 속도는 외부 은하와 우리
   은하 사이의 거리에 비례한다. 따라서 우리은하로부터의 거리는 X
   가 Y의 $\dfrac{4900 \text{ km/s}}{2100 \text{ km/s}} = \dfrac{7}{3}$배이다.
ㄷ. X에서 Y를 관측할 때, 후퇴 속도는 7000 km/s이므로 흡수선의
   $\left(\dfrac{\text{관측 파장} - \text{고유 파장}}{\text{고유 파장}} \right)$은 적색 편이($z$)와 같고,

$$z = \frac{\text{후퇴 속도}}{\text{빛의 속도}} = \frac{7000\ \text{km/s}}{3 \times 10^5\ \text{km/s}} = \frac{7}{300}\ \text{이다.}$$

오답피하기

ㄴ. Y에서 관측할 때 우리은하와 X, Z는 동일한 시선 방향에 위치하며, 은하의 후퇴 속도는 우리은하가 2100 km/s, Z가 3500 km/s 이다. X에서 관측한 우리은하의 후퇴 속도는 Y에서 관측한 우리은하의 후퇴 속도보다 빠르므로, Y를 기준으로 할 때 X는 우리은하보다 먼 곳에 위치해야 한다. 허블 상수가 70 km/s/Mpc임을 고려하면 은하들 사이의 위치 관계는 다음과 같다.

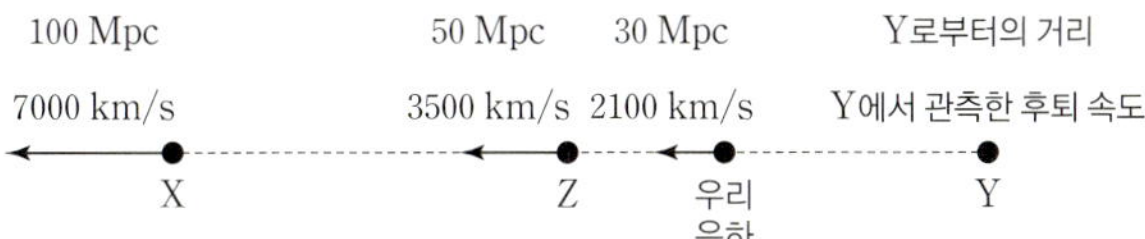

따라서 우리은하에서 관측되는 은하의 후퇴 속도는 Y가 Z보다 빠르다.

9 주계열성의 질량 – 광도 관계

문제분석 주계열성은 질량이 큰 별일수록 중심부 온도가 높아 수소 핵융합 반응이 빠르게 일어나 수소를 빨리 소비하기 때문에 별이 주계열 단계에 머무르는 기간이 짧다.

정답찾기

ㄱ. A는 태양보다 절대 등급이 10만큼 작으므로 광도가 태양보다 10^4 배 큰 별이다. A는 질량이 $0.4M_\odot$($M_\odot$: 태양 질량)보다 큰 별이므로 주계열성의 질량(M) – 광도(L) 관계는 $L \propto M^4$이다. 따라서 광도가 태양의 10^4배인 A의 질량은 태양 질량의 약 10배이다.

ㄴ. 태양의 표면 온도($T_\odot$)는 B의 약 2배이고, 태양의 절대 등급이 B보다 약 5등급 작으므로 태양의 광도($L_\odot$)는 B의 약 10^2배이다. 따라서 B의 표면 온도(T), 광도(L)를 각각 1이라고 했을 때,

$$\frac{\text{태양의 반지름}}{\text{B의 반지름}} = \sqrt{\frac{\dfrac{L_\odot}{L}}{\dfrac{T_\odot^4}{T^4}}} = \sqrt{\frac{10^2}{2^4}} = \frac{10}{4} = 2.5 \text{이므로 반지름은 태}$$

양이 B보다 약 2.5배 크다.

ㄷ. 질량이 $0.4M_\odot$($M_\odot$: 태양 질량) 이상인 주계열성의 질량(M) – 광도(L) 관계는 $L \propto M^4$이므로 태양 광도의 16배인 주계열성의 질량은 태양 질량($M_\odot$)의 2배이다. 별의 수명(t)은 질량에 비례하고, 광도에 반비례하므로 별의 수명 $t \propto \dfrac{M}{L} = \dfrac{M}{M^4} = \dfrac{1}{M^3}$이다. 따라서 태양의 수명($t_\odot$)이 약 1×10^{10}년이므로 태양 광도의 16배인 주계열성의 수명 $t = \dfrac{M_\odot^{\ 3}}{M^3} t_\odot = \dfrac{1}{2^3} \times 1 \times 10^{10}\text{년} = 1.25 \times 10^9$년이다.

10 우주의 진화

문제분석 빅뱅 후 약 3분이 지났을 무렵에 헬륨 원자핵이 생성되었으며, 중성 원자는 빅뱅 후 약 38만 년이 지난 후 생성되었다.

정답찾기

ㄱ. 급팽창 이론에서 급팽창은 빅뱅 후 약 10^{-36}초~10^{-34}초가 지난 시기인 빅뱅 직후에 일어났다. 따라서 급팽창 이론에서는 헬륨 원자핵의 생성 이전에 우주가 빛보다 빠르게 팽창한 적이 있다.

ㄷ. 우주 구성 요소 중 암흑 에너지의 밀도는 항상 일정하게 유지되지만, 우주가 팽창함에 따라 암흑 물질과 보통 물질의 밀도는 점차 작아진다. 따라서 우주 구성 요소 중 $\dfrac{(\text{암흑 물질} + \text{보통 물질})\text{의 밀도}}{\text{암흑 에너지의 밀도}}$ 값은 C 시기가 D 시기보다 크다.

오답피하기

ㄴ. 헬륨 원자핵은 빅뱅 후 약 3분이 지났을 무렵에 생성되었으며, 중성 원자는 빅뱅 후 약 38만 년이 지났을 때 생성되었다. 따라서 A 기간은 B 기간보다 짧다.

10회 미니모의고사

1 ①	**2** ⑤	**3** ①	**4** ③
5 ①	**6** ⑤	**7** ②	**8** ②
9 ④	**10** ④		

1 해령과 변환 단층에서의 특징

문제분석 해령은 주변보다 수심이 얕으며, 해령에서 멀어질수록 대체로 수심이 깊어진다. 따라서 발산형 경계인 해령에서 음파 왕복 시간이 가장 짧다.

정답찾기

ㄱ. 수심이 깊을수록 음파가 왕복하는 데 걸리는 시간이 길다. 따라서 ㉠~㉤ 중 수심은 ㉠에서 가장 얕다.

오답피하기

ㄴ. 수심은 ㉢보다 ㉣에서 얕으므로 해령으로부터의 거리는 ㉣이 ㉢보다 가깝다. 따라서 ㉠이 위치한 판의 경계는 발산형 경계이고, ㉡이 위치한 판의 경계는 보존형 경계이다. 새로운 해양 지각은 발산형 경계인 ㉠에서 생성된다.

ㄷ. 해령으로부터 거리가 멀어질수록 해양 지각의 나이가 많다. 따라서 해양 지각의 나이는 ㉤보다 ㉢에서 많다.

2 판을 움직이는 힘

문제분석 발산형 경계는 새로운 해양 지각이 생성되면서 양쪽으로 확장되는 경계이다. 수렴형 경계는 판과 판이 가까워지면서 충돌하거나 섭입하는 경계이다.

정답찾기

ㄱ. A는 판이 양쪽으로 확장되는 발산형 경계이다. 이곳에서는 해령에서 솟아오른 해양판이 중력에 의해 해령의 사면을 따라 미끄러지면서 판을 밀어내는 힘이 작용한다.

ㄴ. 맨틀 대류의 상승부에는 발산형 경계가 형성되고, 맨틀 대류의 하강부에는 수렴형 경계가 형성된다. B와 C 사이에는 두 판이 서로 가까워지는 수렴형 경계가 존재하므로 이곳에서는 맨틀 대류의 하강이 일어난다.

ㄷ. 해양판과 대륙판이 만나는 수렴형 경계에서는 섭입대를 따라 오래되어 차갑고 밀도가 커진 해양판의 일부가 맨틀 속으로 섭입한다. 이때 섭입하는 해양판 자체의 무게는 해양판 전체를 끌어당기는 힘으로 작용한다. 즉, C의 하부에서는 B가 속한 해양판의 일부가 섭입하면서 B가 속한 해양판 전체를 잡아당긴다.

3 방사성 동위 원소와 절대 연령

문제분석 (가)에서 (방사성 동위 원소 X의 함량 : 자원소의 함량)은 1:3이고, (나)에서 (방사성 동위 원소 X의 함량 : 자원소의 함량)은 1:1이다. 따라서 (가)는 광물이 정출되고 4억 년 후이고, (나)는 광물이 정출되고 2억 년 후이다.

정답찾기

ㄱ. (가)에서 (방사성 동위 원소 X의 함량 : 자원소의 함량)은 1:3인 것으로 보아 (가)는 광물이 정출되고 4억 년 후이다.

오답피하기

ㄴ. (가)에서 (방사성 동위 원소 X의 함량 : 자원소의 함량)은 1:3이고, (나)에서 (방사성 동위 원소 X의 함량 : 자원소의 함량)은 1:1이다. (가)는 광물이 정출되고 4억 년 후이고, (나)는 광물이 정출되고 2억 년 후이다. 따라서 방사성 동위 원소 X의 반감기는 2억 년이다.

ㄷ. 방사성 동위 원소 X의 반감기가 2억 년이므로, 광물이 정출되고 6억 년 후에 방사성 동위 원소 X의 함량은 처음의 $\frac{1}{8}$이다.

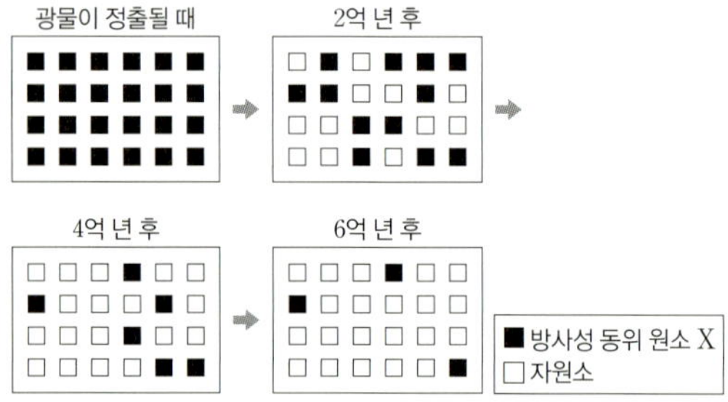

4 태풍에 의한 해수의 혼합 작용

문제분석 ㉠은 표층 수온, ㉡은 해면 기압, ㉢은 10 m 높이에서의 풍속이다.

정답찾기

ㄱ. ㉠은 태풍의 영향을 받을 때 크게 하강하고 있다. 해면 기압, 표층 수온, 10 m 높이에서의 풍속 중 태풍의 영향으로 하강하는 물리량은 표층 수온이다. 북반구 저기압에서는 시계 반대 방향으로 부는 바람에 의해 해수의 이동이 일어나 표층에서는 해수가 발산하면서 용승이 일어나고, 강한 바람에 의한 혼합 작용이 일어나 표층 수온이 하강한다.

ㄴ. 태풍의 영향을 받을 때는 강한 바람에 의해 해수의 혼합 작용이 활발해지므로 혼합층의 두께가 두꺼워진다. 따라서 A 지점에서 혼합층의 두께는 25일보다 태풍의 영향으로 풍속이 빠른 26일에 두껍다.

오답피하기

ㄷ. (가)에서 우리나라 서해안을 따라 표층 수온이 낮게 분포한다. 이것은 태풍이 우리나라 서해안을 따라 북상할 때 바람에 의한 혼합 작용으로 위아래 해수가 섞였기 때문이다. 따라서 B 지점은 태풍 이동 경로의 오른쪽에 있으므로 위험 반원에 위치하였다.

5 월별 연직 수온 분포

문제분석 혼합층은 깊이에 따라 수온이 거의 일정한 층이고, 수온 약층은 수심이 깊어질수록 수온이 급격히 낮아지는 층이다.

정답찾기

ㄱ. 2월에는 0 m와 100 m 깊이의 수온이 같으므로, 혼합층의 두께는 최소 100 m 이상이다. 8월에는 0 m 깊이의 수온은 약 13 ℃이고 40 m 깊이의 수온은 약 8 ℃이므로, 혼합층의 두께는 최대 40 m 미만이다. 따라서 혼합층의 평균 두께는 8월보다 2월에 두껍다.

오답피하기

ㄴ. 12월에는 혼합층의 두께가 최소 60 m 이상이고, 8월에는 혼합층의 두께가 최대 40 m 미만이다. 따라서 표층~수심 40 m 사이 해수의 연직 운동은 8월보다 12월에 활발하다.

ㄷ. 수온만을 고려할 때, 표층 용존 산소량은 표층 수온이 가장 낮은 2월에 가장 많다.

ㄱ. a와 b는 절대 등급이 같으므로 광도가 같다.

ㄴ. a와 b는 광도가 같은데, 표면 온도는 a가 b보다 높으므로 반지름은 b가 a보다 크다. b와 c의 표면 온도는 같은데 광도는 절대 등급이 작은 b가 c보다 크므로 반지름은 b가 c보다 크다. 따라서 a, b, c 중 반지름이 가장 큰 별은 b이다.

9 전파 은하와 세이퍼트은하

문제분석 (가)는 전파 은하이고, (나)는 세이퍼트은하이다.

정답찾기

ㄱ. (가)는 제트와 로브가 관측되는 전파 은하이고, (나)는 밝은 핵이 관측되는 세이퍼트은하이다. 가시광선 영역에서 전파 은하는 대부분 타원 은하 형태로 관측되고, 세이퍼트은하는 대부분 나선 은하 형태로 관측된다.

ㄴ. 두 은하 모두 시선 속도가 ($+$)이며, 크기는 (가)가 (나)보다 크다. 따라서 적색 편이는 (가)가 (나)보다 크다.

오답피하기

ㄷ. (가)는 (나)보다 절대 등급이 1.0등급 작으므로 방출하는 에너지양은 약 2.5배 많고, 은하의 질량은 (가)가 (나)보다 약 $\frac{60}{2.7}$≒22배 크다. 따라서 은하의 단위 질량당 방출하는 에너지양은 (가)가 (나)의 $\frac{2.5}{22}$≒0.11배이다.

10 우주의 급팽창

문제분석 우주의 정반대 방향에서 오는 우주 배경 복사가 거의 균일하게 관측되는데 이를 우주의 지평선 문제라고 한다. 급팽창 이론에서는 우주의 급팽창 이전에 우주가 전체적으로 정보 교환이 가능했었다고 설명하면서 우주의 지평선 문제를 해결하였다.

정답찾기

ㄱ. 현재 지구에서 관측되는 우주 배경 복사는 우주의 전 영역에서 거의 균일하다.

ㄷ. A와 B에서 출발한 우주 배경 복사가 약 137억 년 후에 지구가 위치한 지점에 도착하였듯이 약 137억 년 전에 지구가 위치한 지점에서 출발한 우주 배경 복사는 현재 A와 B에 도착한다.

오답피하기

ㄴ. A는 B의 빛(우주 배경 복사)이 이동할 수 있는 범위의 바깥쪽에 위치한다. 따라서 우주 배경 복사가 출발할 당시 A와 B는 상호 작용이 불가능한 영역에 위치하였다.

---

6 연안 용승

문제분석 남반구의 서해안에서 남풍이 지속적으로 불면 용승이 일어나 해안 부근의 수온이 외해보다 낮아지며, 영양염이 풍부해진다.

정답찾기

ㄱ. 남반구에서는 지속적으로 부는 바람에 의해 해수는 바람 방향에 대해 왼쪽 90° 방향으로 이동하므로, (가)에서는 남풍이, (나)에서는 북풍이 분다.

ㄴ. 해수의 이동 방향(➡)을 보면, (가)에서 해수는 연안에서 외해로 이동하므로 연안에서 해수의 용승이 일어나고, (나)에서 해수는 외해에서 연안으로 이동하므로 연안에서 해수의 침강이 일어난다.

ㄷ. (다)에서 표층 영양염의 농도는 연안에서 외해로 갈수록 급격히 감소한다. 연안에서 심층의 찬 해수가 올라오는 용승이 일어날 때 심층 해수에 풍부한 영양염이 표층 해수로 운반된다. 따라서 (다)와 같은 영양염의 분포는 연안에서 침강이 일어날 때보다 연안에서 용승이 일어날 때 더 잘 나타난다.

7 세차 운동과 지구 자전축 경사각의 변화

문제분석 지구의 자전축은 약 26000년을 주기로 회전하는데, 이를 세차 운동이라고 한다. 세차 운동에 의해 지구의 자전축은 약 13000년마다 경사 방향이 반대가 되어 여름과 겨울이 나타나는 공전 궤도상의 위치도 반대가 되므로 기후 변화가 일어난다. 지구 자전축 경사각은 약 41000년을 주기로 약 $21.5°\sim24.5°$ 사이에서 변한다.

정답찾기

ㄴ. 북극이 ㉠에 위치할 때보다 ㉡에 위치할 때 지구 자전축 경사각이 작다. 따라서 북극이 ㉠에 위치할 때보다 ㉡에 위치할 때 북반구 여름철에는 태양의 남중 고도가 낮아 평균 기온이 낮다.

오답피하기

ㄱ. 지구 자전축의 경사각이 변하면 각 위도의 지표에 입사되는 태양 복사 에너지양이 달라지지만, 지구에 입사되는 총 태양 복사 에너지양은 변하지 않는다. 따라서 A일 때와 B일 때의 연평균 기온은 같다.

ㄷ. 북극이 ㉠에 위치할 때 남반구는 근일점에서 여름이고 원일점에서 겨울이지만, 북극이 ㉢에 위치할 때는 지구 자전축의 경사 방향이 현재와 반대이므로 남반구는 원일점에서 여름이고 근일점에서 겨울이다. 따라서 남반구 중위도 지역의 기온의 연교차는 북극이 ㉠에 위치할 때보다 ㉢에 위치할 때 작다.

8 별의 분광형과 플랑크 곡선

문제분석 분광형을 이용하여 별 a, b, c의 표면 온도를 비교하면 a>b=c이다.

정답찾기

ㄷ. 최대 복사 에너지를 방출하는 파장은 별의 표면 온도에 반비례하므로 (나)와 같은 분포를 갖는 별의 표면 온도는 태양의 $\frac{1}{2}$이다. 별의 광도(L)는 별의 반지름과 표면 온도가 각각 R, T라고 할 때, $L \propto R^2 \cdot T^4$의 관계이므로 (나)와 같은 분포를 갖는 별의 광도는 태양 광도의 $40^2 \times \left(\frac{1}{2}\right)^4 = 100$배이다. 따라서 (나)는 태양보다 표면 온도가 낮고 광도는 100배인 b의 파장에 따른 복사 에너지의 상대적 세기이다.

1 ②	**2** ⑤	**3** ⑤	**4** ③
5 ③	**6** ④	**7** ⑤	**8** ①
9 ①	**10** ⑤		

1 대륙의 이동

문제분석 대륙이 이동하여 초대륙이 형성되면 대륙과 대륙 사이의 해안선이 서로 만나면서 육지로 변하므로 해안선의 총 길이는 짧아지고 대륙붕의 면적은 좁아진다.

정답찾기

ㄷ. 북아메리카 대륙은 고생대 전 기간을 통해 적도 부근에 위치하였지만, 아프리카 대륙은 남극 부근에서 적도 가까운 위치로 이동하였다. 따라서 남북 방향의 평균 이동 속력은 북아메리카 대륙이 아프리카 대륙보다 느렸다.

오답피하기

ㄱ. (가), (나), (다)는 고생대의 대륙 이동을 나타내므로 초대륙 판게아가 형성되는 과정이다. 따라서 해안선의 총 길이는 짧아진다.

ㄴ. 고생대 초기에 남반구 중위도에 위치했던 북유럽 대륙은 고생대 중기에는 적도 부근, 고생대 말기에는 북반구로 이동했다. 복각의 크기는 위도가 높을수록 크므로 (가)~(나) 기간에는 대체로 작아졌고, (나)~(다) 기간에는 대체로 커졌다. 따라서 이 기간에 북유럽 대륙에서 생성된 화성암에 잔류된 고지자기 복각의 크기는 시간에 따라 작아졌다가 커졌다.

2 판의 경계와 단층

문제분석 장력이 작용하는 판의 발산형 경계에서는 주로 정단층이 형성되고, 해령의 열곡이 어긋난 판의 보존형 경계에서는 주향 이동 단층의 한 종류인 변환 단층이 나타난다.

정답찾기

ㄴ. (다)는 주향 이동 단층이다. 판의 보존형 경계에는 주향 이동 단층의 한 종류인 변환 단층이 존재한다. 이 지역에서 해령의 열곡은 B의 서쪽과 D의 동쪽에 분포하므로 B와 D 사이에는 판의 보존형 경계가 존재한다. B와 C 사이에는 판의 경계가 존재하지 않으므로 (다)가 나타날 가능성은 B와 C 사이보다 B와 D 사이에서 크다.

ㄷ. 하반은 단층면보다 아래쪽에 위치하는 암반을 말한다. 따라서 ㉠과 ㉡은 모두 하반이다.

오답피하기

ㄱ. (나)는 정단층이므로 판의 발산형 경계인 해령의 열곡 부근에서 잘 형성된다. 해령으로부터 해양 지각이 확장되는 속력이 모두 같다는 조건으로부터 발산의 중심은 연령이 200만 년인 두 해양 지각 사이의 중앙에 존재함을 알 수 있다. 따라서 A와 B 사이에서는 B의 서쪽에 발산의 중심인 열곡이 존재하고, B와 C 사이에는 판의 경계가 존재하지 않는다. 그러므로 (나)가 형성될 가능성은 A와 B 사이가 B와 C 사이보다 크다.

3 지사학의 법칙

문제분석 어느 지역 지층의 암석 분포와 지질 구조에 대한 자료가 확보되면, 지사학의 기본 법칙을 이용하여 그 지역의 지사를 유추할 수 있다.

정답찾기

ㄱ. 이 지역의 왼쪽(서쪽)에는 편마암을 덮고 있는 부정합면이 노출되어 있고, 오른쪽(동쪽)에는 화강암을 덮고 있는 부정합면이 노출되어 있다. 부정합면 하부층이 변성암이나 심성암인 부정합을 난정합이라고 한다.

ㄴ. 서쪽의 부정합면에 나타나는 기저 역암은 오른쪽 지층이 상부층임을 알려주고, 동쪽의 부정합면에 나타나는 기저 역암은 왼쪽 지층이 상부층임을 알려준다. 역전된 지층이 존재하지 않는 상황에서 두 조건을 모두 만족하려면 향사 형태의 습곡 구조가 존재해야 한다.

ㄷ. 이 지역의 암석은 편마암과 화강암 → (부정합) → 사암 → 셰일 → 안산암 순으로 생성되었다. 따라서 지하에서 생성된 안산암질 마그마가 관입하는 경로에는 사암이 존재한다. 마그마가 사암을 관입하는 과정에서 깨진 사암의 조각이 마그마로 들어간 후 마그마가 냉각되면 포획암의 형태로 산출될 수 있다.

4 온대 저기압

문제분석 온대 저기압은 중위도의 정체 전선상의 파동으로부터 발생하며, 편서풍의 영향으로 서쪽에서 동쪽으로 이동한다. 온대 저기압은 한랭 전선의 이동 속도가 온난 전선의 이동 속도보다 빠르므로 폐색 전선이 형성되며 소멸한다.

정답찾기

ㄱ. 온대 저기압의 발달 과정에서 A는 폐색 전선이 형성되기 시작한 단계이고, B는 온대 저기압 중심의 남서쪽에 한랭 전선이 형성되고 남동쪽에 온난 전선이 형성되면서 온대 저기압이 발달한 단계이다. 따라서 온대 저기압의 발달 과정에서 A는 B보다 나중 단계이다.

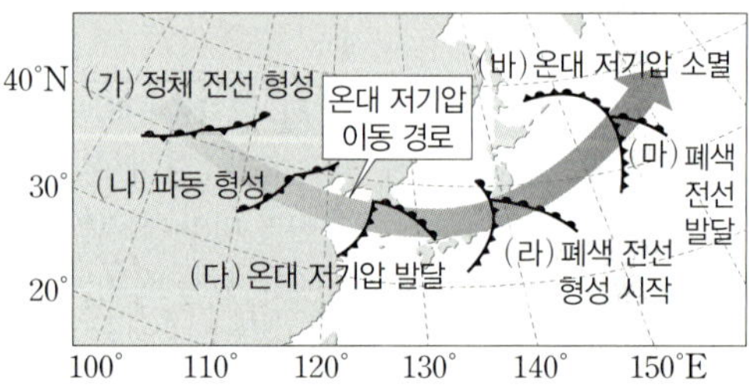

ㄴ. 온대 저기압은 편서풍의 영향으로 대체로 서쪽에서 동쪽으로 이동한다.

오답피하기

ㄷ. 온대 저기압의 주요 에너지원은 찬 공기와 따뜻한 공기가 만나는 전선에서의 기단의 위치 에너지이다.

5 해수의 성질

문제분석 A, B, C는 각각 표층수, 중층수, 심층수이다.

정답찾기

ㄱ. 해수의 밀도는 수온이 낮을수록, 염분이 높을수록 커진다. 수온 염분도에서 왼쪽 위에서 오른쪽 아래로 갈수록 수온은 낮아지고 염분은 높아지므로 밀도가 커진다. 따라서 평균 밀도는 C>B>A이다.

ㄴ. 중위도 해역에서는 깊이에 따른 수온 분포에 의해 혼합층, 수온 약층, 심해층의 층상 구조를 나타낸다. 혼합층은 태양 복사 에너지에 의한 가열로 수온이 높고, 바람의 혼합 작용으로 인해 깊이에 따라 수온이 거의 일정한 층이다. 수온 약층은 혼합층 아래에서 깊이가

깊어질수록 수온이 급격히 낮아지는 층이다. 심해층은 수온이 가장 낮고 계절이나 깊이에 따른 수온 변화가 거의 없는 층이다. A, B, C 중 수온이 가장 낮은 C가 심층수에 해당한다.

ㄷ. 다른 조건이 같다면 용존 산소량에 주로 영향을 주는 물리량은 수온 이지만, 표층 해수는 대기로부터의 산소 공급으로 인해 용존 산소량 이 가장 많고, 수심이 깊어짐에 따라 감소하다가 심해에서는 극지방 의 표층에서 침강한 찬 해수에 의해 용존 산소량이 약간 많다. 동해 의 경우에도 표층수인 A가 중층수인 B보다 평균 수온이 높은데 평 균 용존 산소량이 많다. 따라서 수온이 낮다고 해서 항상 용존 산소 량이 많은 것은 아니다.

6 폭풍 해일

문제분석 태풍은 강한 저기압으로 태풍이 지나는 해역은 공기가 해 수면을 누르는 힘이 약해 해수면의 높이가 평상시보다 높아진다.

정답찾기

ㄴ. 태풍이 A 해역을 지나 B 해역까지 이동하는 데 걸린 시간이 약 12시 간이라고 하였으므로 D_3일 12시에는 태풍의 중심이 B 해역 부근에 위치한다. D_3일 12시 이후 태풍은 B 해역을 벗어나 멀어질 것이기 때문에 B 해역의 해면 기압은 D_3일 12시 이후 점차 높아질 것이다.

ㄷ. 태풍이 통과한 해역은 바람에 의한 해수의 혼합과 용승이 활발하게 일어난다. 따라서 바람 효과만을 고려할 때 태풍이 통과한 해역의 표층 수온은 태풍 통과 후가 태풍 통과 전에 비해 낮아진다.

ㄱ. (나)에서 A 해역의 해수면 높이는 평상시 변화 경향에 비해 D_3일 0 시 직전에 급격히 높아졌으므로 이 시기에 태풍의 중심이 A 해역을 통과했다고 할 수 있다.

7 해수 순환 컨베이어 벨트

문제분석 해수의 표층 순환과 심층 순환은 서로 유기적으로 연결되 어 지구 전체를 순환하는 거대한 컨베이어 벨트 시스템을 구성한다.

정답찾기

ㄴ. A에서 침강한 해수는 대서양 해저를 따라 C 영역으로 이동하며 북 대서양 심층수를 구성한다.

ㄷ. D를 통과하는 해류는 고위도 해역에서 저위도 해역으로 이동하는 표층 해류이므로 한류에 해당한다.

ㄱ. A는 냉각된 해수가 침강하여 심층 순환이 시작되는 해역이다. 이 해역에서의 침강이 활발할수록 멕시코 만류에서 북대서양 해류로 이어지는 난류의 흐름이 활성화되어 B 해역을 통과하는 표층 해류 의 이동이 활발해진다.

8 별의 물리량

문제분석 최대 복사 에너지를 방출하는 파장이 짧을수록 표면 온도가 높다.

정답찾기

ㄱ. 표면 온도는 최대 복사 에너지를 방출하는 파장에 반비례한다. 최 대 복사 에너지를 방출하는 파장이 $1.0\ \mu\text{m}$인 C의 표면 온도가 약

3000 K이므로, 최대 복사 에너지를 방출하는 파장이 $0.3\ \mu\text{m}$인 A의 표면 온도는 약 10000 K이다. 표면 온도가 약 10000 K인 별 의 분광형은 A형이며, 이 별에서는 HI 흡수선이 가장 강하게 나타 난다.

ㄴ. 별의 광도를 L, 반지름을 R, 표면 온도를 T라고 할 때 $L=4\pi R^2 \cdot \sigma T^4$이다. B와 C의 광도는 같으며, 최대 복사 에너지를 방출하는 파장은 B가 C의 $\frac{1}{2}$배이다. 따라서 표면 온도는 B가 C보 다 2배 높으므로 반지름은 C가 B보다 4배 크다.

ㄷ. C는 태양과 광도가 같은데 표면 온도는 태양의 약 $\frac{1}{2}$배이므로 태양 보다 반지름이 4배 정도 크다. C가 주계열성이라면 태양보다 표면 온도가 낮으므로 반지름도 작아야 하는데, 태양보다 표면 온도가 낮 은데도 반지름이 4배 정도 크므로, C는 주계열성이 아니다.

9 빅뱅 우주론과 우주의 진화

문제분석 빅뱅 이후 우주의 온도가 낮아짐에 따라 기본 입자 생성 → 양성자, 중성자 생성 → 원자핵 생성 → 원자 생성 등의 과정이 순서대 로 일어났다.

정답찾기

ㄱ. 빅뱅 우주론은 온도와 밀도가 높은 한 점에서 대폭발이 일어난 후 점차 우주가 팽창한다는 이론으로 빅뱅 이후 우주의 크기는 증가하 고 우주의 온도와 밀도는 감소한다.

ㄴ. 우주 배경 복사는 빅뱅 이후 약 38만 년이 지났을 때 원자가 생성되 면서 투명해진 우주에서 공간으로 방출된 빛이다. 따라서 우주 배경 복사가 최초로 방출된 시기는 원자가 생성된 B 시기 무렵이다.

ㄷ. 빅뱅 우주론은 정상 우주론과 달리 우주가 팽창하면서 생겨난 빈 공간에 새로운 물질이 생성되지 않으므로 우주의 질량이 항상 일정 하다.

10 허블 법칙

문제분석 허블 법칙은 은하들의 후퇴 속도(v)와 거리(r)의 비례 관계 를 나타낸 법칙으로 다음과 같이 나타낼 수 있다.

$$v = H \times r \ (H : \text{허블 상수})$$

정답찾기

ㄱ. 허블 상수(H)는 후퇴 속도(v)와 거리(r)의 관계를 나타낸 그래프의 기 울기에 해당한다. 그래프에서 기울기는 약 67 km/s/Mpc이다.

$$H = \frac{v}{r} = \frac{4000\ \text{km/s}}{60\ \text{Mpc}} ≒ 67\ \text{km/s/Mpc}$$

ㄴ. ㉡에서 관측된 후퇴 속도는 12000 km/s이고, 흡수선의 파장(λ)은 416 nm이다. 따라서 이 흡수선의 고유 파장(λ_0)은 400 nm이다.

$$v = c \times \frac{\lambda - \lambda_0}{\lambda_0} \ (c : \text{빛의 속도})$$

$$\frac{v}{c} = \frac{12000}{300000} = \frac{416 - \lambda_0}{\lambda_0} \ \therefore \lambda_0 = 400\ \text{nm}$$

ㄷ. 적색 편이는 후퇴 속도에 비례한다. 후퇴 속도는 ㉡이 ㉠의 3배이므 로 적색 편이도 ㉡이 ㉠의 3배이다.

12회 미니모의고사

1 ①	**2** ④	**3** ②	**4** ⑤
5 ④	**6** ④	**7** ①	**8** ①
9 ①	**10** ②		

1 고지자기 복각

문제분석 지질 시대 동안 지리상 북극의 위치가 변하지 않았다고 가정하면 고지자기 복각의 크기는 위도가 높을수록 크다. 따라서 암석의 고지자기 복각을 측정하면 암석이 생성될 당시의 위도를 알 수 있다.

정답찾기
ㄱ. 정자극기에 생성된 A의 고지자기 복각이 (−) 값이므로 이 지역은 A가 생성될 당시 남반구에 위치하였다.

오답피하기
ㄴ. B는 역자극기에 생성되었다. 역자극기의 지구 자기장 방향은 현재와 반대 방향이다.

ㄷ. 정자극기에 생성된 A와 C의 고지자기 복각이 (−) 값이고, 역자극기에 생성된 B의 고지자기 복각이 (+) 값이므로 A, B, C는 모두 남반구에서 생성되었다. 고위도에서 생성된 암석일수록 고지자기 복각의 크기가 크므로 A, B, C 중 C가 남반구 가장 고위도에서 생성되었다. 따라서 이 지역은 C가 생성된 이후 대체로 북쪽으로 이동하였다.

2 지층의 역전

문제분석 지층 단면에서 나타나는 퇴적 구조는 연흔이며, 연흔의 모양으로 보아 이 지역의 지층은 역전되었다. 퇴적물이 쌓일 때 새로운 퇴적물은 이전에 쌓인 퇴적물 위에 쌓이므로, 지층의 역전이 없다면 아래에 있는 지층은 위에 있는 지층보다 먼저 퇴적되었다.

정답찾기
④ 이 지역의 지층 단면을 정상으로 복원하면 지층의 연령을 알 수 있는데, 복원된 모습에서 아래에 있는 지층은 위에 있는 지층보다 지층의 연령이 많다. 복원된 모습에서 A에서 B로 가면서 지층의 연령은 일정하다가 급격히 감소하고 다시 일정하다가 급격히 증가하는데, A 부근에서가 B 부근에서보다 지층의 연령이 많다.

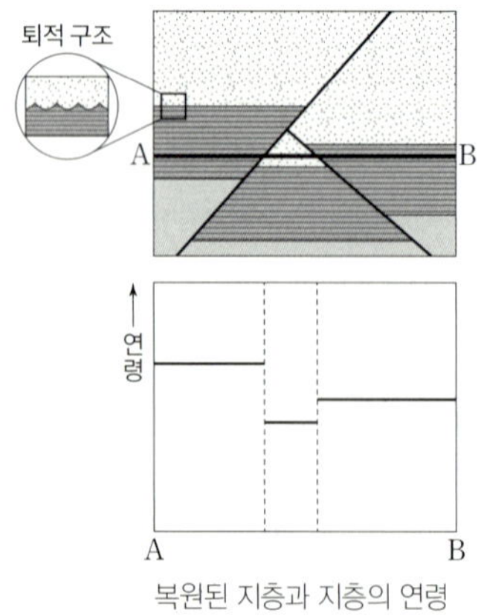

복원된 지층과 지층의 연령

3 판 구조 운동과 마그마 활동

문제분석 (가)에서는 두 대륙판이 충돌하여 습곡 산맥이 형성되며,

(나)와 (다)에서는 밀도가 큰 해양판이 섭입하여 해구가 발달한다.

정답찾기
ㄴ. (나)에서는 해양판이 대륙판 아래로 섭입하며, 해양판에는 섭입대에서 잡아당기는 힘이 작용한다.

오답피하기
ㄱ. (가)에서는 대륙판과 대륙판이 수렴하므로 섭입대가 발달하지 않으며, (가)의 판 경계 부근에서는 화산 활동이 거의 일어나지 않는다.

ㄷ. (다)에서 수렴하는 두 해양판 중 밀도가 더 큰 판이 섭입하며, 섭입하는 해양 지각에서 연약권으로 물이 공급되면 연약권 물질의 용융점이 낮아져 마그마가 생성될 수 있다. 한편, 압력 감소에 의해 맨틀 물질의 용융이 일어나는 곳은 해령 하부 또는 열점이다.

4 장마 전선

문제분석 우리나라 부근에서 장마 전선은 주로 초여름에 전선을 기준으로 북쪽에 위치한 찬 기단과 남쪽에 위치한 따뜻한 기단이 만나 형성된다.

정답찾기
ㄱ. A 지역보다 B 지역에서 강수 현상이 먼저 나타났다. B 지역에서는 강수 현상이 4시 전부터 시작되어 9시 이후 점차 끝났는데, A 지역에서는 강수 현상이 6시 30분경부터 시작되어 10시 이후까지 지속되고 있다. 이는 강수 구름대가 B 지역에서 점차 A 지역 쪽으로 이동하였기 때문이다. 따라서 이날 6시부터 9시까지 전선 ㉠은 대체로 북상하였다.

ㄴ. 집중 호우는 한 시간에 30 mm 이상이나 하루에 80 mm 이상의 비가 내릴 때, 또는 연 강수량의 10 % 정도의 비가 하루에 내리는 것을 말한다. B 지역에서는 이날 시간당 30 mm 이상의 비가 내린 시간이 있으므로 집중 호우가 내렸다.

ㄷ. 장마 전선을 기준으로 구름 및 강수 구역은 주로 찬 기단이 위치하는 곳에 형성된다. 따라서 장마 전선을 따라 형성된 적운형 구름은 대체로 전선의 북쪽에 분포한다.

5 해수의 용존 기체량

문제분석 용존 산소량은 광합성과 대기로부터의 산소 공급으로 인해 표층에서 가장 많고, 용존 이산화 탄소량은 광합성 때문에 표층에서 가장 적다.

정답찾기
ㄴ. 표층 염분이 같은 해역에서 표층 용존 기체량은 표층 수온이 낮을수록 많다. A와 B 두 해역 중에서 표층 용존 기체량은 A 해역이 B 해역보다 적으므로, 표층 수온은 A 해역이 B 해역보다 높다.

ㄷ. A 해역에서 용존 산소의 농도는 표층이 수심 500 m보다 높게 나타난다. 그 이유는 표층에서 해양 생물에 의한 광합성과 대기로부터의 산소 공급 때문이다.

오답피하기
ㄱ. A, B 해역 모두 표층에서 용존 기체량이 가장 많고, 깊이에 따라 용존 기체량이 감소하다가 해역마다 다소 차이는 보이지만 수심 약 1000 m보다 깊은 곳에서는 수심이 깊어질수록 용존 기체량이 어느 정도 증가하는 모습을 보인다. 이러한 특징을 보이는 용존 기체는 산소이다.

6 엘니뇨 시기의 특징

문제분석 엘니뇨 시기에 평상시보다 무역풍의 세기가 약해지면 동쪽에서 서쪽으로 흐르는 해류의 양이 줄어들어, 동태평양 해역의 해수면 높이가 평상시보다 높아진다. 이 시기는 해수면 높이 편차가 동태평양 적도 해역에서 (+)이고, 서태평양 적도 해역에서 (−)인 것으로 보아 엘니뇨 시기이다.

정답찾기

B. 엘니뇨 시기에는 평상시보다 무역풍의 세기가 약해져 페루 연안의 용승이 평년보다 약해진다.

C. 엘니뇨 시기에는 동태평양 적도 해역에서 따뜻한 해수층의 두께가 평상시보다 두꺼워지므로 혼합층이 평년보다 두껍게 나타난다.

오답피하기

A. 엘니뇨 시기에는 워커 순환의 상승 영역이 동쪽으로 이동하여 서태평양 적도 해역에서는 고기압이 형성되고, 그 영향으로 평년보다 건조하여 가뭄이 발생한다.

7 기후 변화의 지구 외적 요인

문제분석 지구 공전 궤도의 이심률이 현재보다 작아지면 근일점 거리는 현재보다 멀어지고, 원일점 거리는 현재보다 가까워진다. 지구 자전축의 경사각이 현재보다 작아지면 남반구와 북반구 모두 여름철 태양의 남중 고도는 낮아지고, 겨울철 태양의 남중 고도는 높아진다.

정답찾기

ㄱ. 1년 동안 지구 전체에 도달하는 태양 복사 에너지양은 지구 자전축의 경사각의 크기와는 관계없고, 지구와 태양 사이의 거리에 의해서만 달라진다. 따라서 근일점과 원일점에서의 1년 동안 지구에 도달하는 태양 복사 에너지양의 차는 지구 공전 궤도의 이심률이 가장 큰 ⓒ 시기에 가장 크다.

오답피하기

ㄴ. ㉠ 시기는 현재보다 지구 공전 궤도 이심률과 지구 자전축의 경사각이 모두 작다. 지구 공전 궤도의 이심률이 작아지면 현재보다 남반구 중위도 지역의 여름철(근일점)에 지구와 태양 사이의 거리가 멀어지므로, 기온은 현재보나 낮아진다. 또한 지구 자전축의 경사각이 작아지면 현재보다 남반구 중위도의 여름철 태양의 남중 고도가 낮아져서 여름철 기온은 낮아진다. 따라서 ㉠ 시기에 남반구 중위도 지역의 여름철 기온은 현재보다 낮다.

ㄷ. ㉡ 시기는 ⓒ 시기보다 지구 공전 궤도 이심률은 작고, 지구 자전축의 경사각은 크다. 지구 공전 궤도 이심률이 작아지면 우리나라의 겨울철(근일점)에 지구와 태양 사이의 거리가 현재보다 멀어지므로 기온이 현재보다 낮아지고, 여름철(원일점)에 지구와 태양 사이의 거리가 현재보다 가까워지므로 기온이 현재보다 높아져서 기온의 연교차는 커진다. 지구 자전축의 경사각이 커지면 현재보다 우리나라의 여름철 태양의 남중 고도가 높아져서 현재보다 기온이 상승하고, 현재보다 겨울철 태양의 남중 고도가 낮아져서 현재보다 기온이 하강하므로 기온의 연교차가 커진다. 따라서 우리나라 기온의 연교차는 ⓒ 시기보다 ㉡ 시기에 크다.

8 별의 진화

문제분석 태양 정도의 질량을 가진 별은 원시별 → 주계열성 → 적색 거성 → 행성상 성운과 백색 왜성으로 진화한다.

정답찾기

ㄱ. ㉠ → ㉡은 원시별이 주계열성으로 진화하는 과정으로, 별의 표면에서 중력이 기체 압력 차에 의한 힘보다 크기 때문에 중력 수축이 일어난다.

오답피하기

ㄴ. ㉡ → ㉢은 주계열성에서 적색 거성으로 진화하는 과정으로, 헬륨핵의 중력 수축으로 발생한 에너지로 헬륨핵 외곽에서 수소 핵융합 반응이 일어난다.

ㄷ. ㉢은 적색 거성으로 중심핵에서 헬륨 핵융합 반응으로 탄소가 생성된다.

9 미세 중력 렌즈 현상을 이용한 외계 행성 탐사

문제분석 거리가 다른 두 개의 별이 같은 방향에 있을 경우 뒤쪽 별의 별빛이 앞쪽 별의 중력에 의해 굴절되어 밝기가 변하는데, 이를 미세 중력 렌즈 현상이라고 한다.

정답찾기

ㄱ. ㉠ 시기에는 별 B의 겉보기 밝기에 추가적인 밝기 변화가 나타났다. 이는 별 A에 의해서뿐 아니라 행성 a에 의해서도 추가적인 미세 중력 렌즈 현상이 나타났기 때문이다.

오답피하기

ㄴ. (나)의 밝기 변화는 행성을 거느린 별 A가 별 B의 앞을 지나가는 동안 일어났다. 따라서 이 현상은 주기적으로 나타날 수 없다.

ㄷ. 미세 중력 렌즈 현상은 행성의 공전 궤도면이 시선 방향에 수직인 경우에도 나타날 수 있다.

10 우주의 모형 비교

문제분석 임계 밀도(ρ_c)에 대한 물질 밀도(ρ_m) 및 암흑 에너지 밀도(ρ_Λ) 비를 비교했을 때, $\dfrac{\rho_m}{\rho_c}+\dfrac{\rho_\Lambda}{\rho_c}>1$이면 닫힌 우주, $\dfrac{\rho_m}{\rho_c}+\dfrac{\rho_\Lambda}{\rho_c}=1$이면 평탄 우주, $\dfrac{\rho_m}{\rho_c}+\dfrac{\rho_\Lambda}{\rho_c}<1$이면 열린 우수에 해당한다.

정답찾기

ㄷ. D는 $\dfrac{\rho_m}{\rho_c}+\dfrac{\rho_\Lambda}{\rho_c}=0.8+0.7=1.5$이므로 닫힌 우주에 해당한다.

오답피하기

ㄱ. A는 $\dfrac{\rho_m}{\rho_c}+\dfrac{\rho_\Lambda}{\rho_c}=0.3+0.7=1$이므로 평탄 우주, B는 $\dfrac{\rho_m}{\rho_c}+\dfrac{\rho_\Lambda}{\rho_c}=0.3+0.2=0.5$이므로 열린 우주이다. 우주의 곡률은 평탄 우주가 0, 열린 우주가 음(−)의 값을 나타내므로 우주의 곡률은 A가 B보다 크다.

ㄴ. A는 $\dfrac{\rho_m}{\rho_c}+\dfrac{\rho_\Lambda}{\rho_c}=0.3+0.7=1$이고, C는 $\dfrac{\rho_m}{\rho_c}+\dfrac{\rho_\Lambda}{\rho_c}=0.8+0.2=1$이므로 A와 C는 모두 평탄 우주에 해당한다. 따라서 A와 C 모두 우주의 평균 밀노가 임계 밀도와 같다.

13회 미니모의고사

1 ②	**2** ③	**3** ②	**4** ③
5 ⑤	**6** ①	**7** ①	**8** ①
9 ②	**10** ③		

1 GPS를 이용하여 측정한 판의 이동

문제분석 GPS를 이용하여 판의 이동 방향과 이동 속력을 측정할 수 있다. 판의 상대적 이동 방향에 따라 판의 경계를 발산형 경계, 수렴형 경계, 보존형 경계로 분류할 수 있다.

정답찾기

ㄴ. A는 2012년부터 2019년까지 북쪽으로 약 60 cm, 동쪽으로 약 40 cm 이동하였고, B는 같은 기간 동안 북쪽으로 약 15 cm, 동쪽으로 약 15 cm 이동하였다. 따라서 판의 이동 속력은 A가 B보다 빠르다.

오답피하기

ㄱ. A는 (나)에서 시간에 따라 북쪽과 동쪽을 향해 위치가 변화하므로 북동쪽으로 이동하고, 마찬가지로 B도 (다)에서 시간에 따라 북쪽과 동쪽을 향해 위치가 변화하므로 북동쪽으로 이동한다.

ㄷ. 두 판의 이동 방향이 같고, 이동 방향의 앞에 위치한 판의 이동 속력이 더 느릴 때는 수렴형 경계가 발달하게 된다. 따라서 A와 B의 경계는 수렴형 경계이고 해구가 발달한다.

2 지층 누중의 법칙

문제분석 지층 누중의 법칙은 지층이 생성된 후 역전되지 않았다면, 하부 지층이 상부 지층보다 먼저 생성되었다는 법칙이다. 따라서 지층 누중의 법칙을 적용하여 퇴적암의 생성 순서를 결정하려면 먼저 지층의 역전 여부를 확인해야 한다. 지층의 역전 여부 확인에는 건열, 사층리, 점이 층리, 연흔 등의 퇴적 구조가 자주 활용된다. 이 지역의 서쪽 A에서 발견된 건열의 균열 방향을 근거로 서쪽에서 동쪽으로 갈수록 나중에 퇴적된 지층임을 알 수 있고, 동쪽의 B에서 발견된 사층리의 경사진 모양을 근거로 동쪽에서 서쪽으로 갈수록 나중에 퇴적된 지층임을 알 수 있다. 서로 모순되는 것처럼 보이는 두 사실이 모두 만족되려면 이 지역에 습곡의 향사 구조가 존재해야 한다.

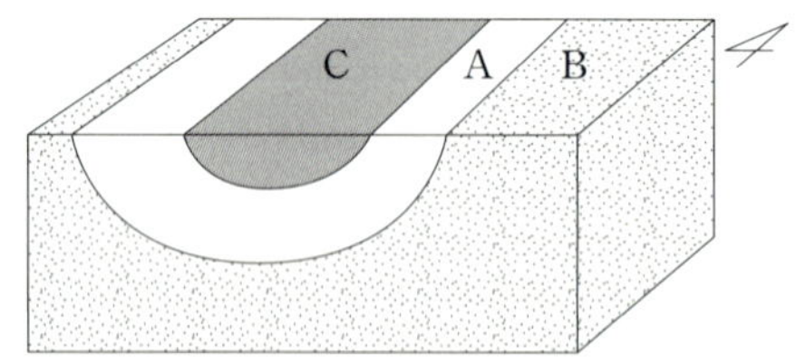

정답찾기

ㄷ. 역전된 지층이 없으므로 퇴적 순서는 B → A → C 순이다. 최상부층인 C가 중심에 나타나므로 중심부가 아래 방향으로 오목하게 내려간 모양의 습곡이 존재해야 한다. 따라서 향사 구조가 존재한다.

오답피하기

ㄱ. 동쪽에서 서쪽으로 갈수록 B → A → C → A → B 순이므로 나이가 적어지다가 많아진다. 따라서 동쪽에서 서쪽으로 갈수록 나이가 많은 퇴적암이 분포하는 것은 아니다.

ㄴ. 사층리의 기울어진 방향은 퇴적물의 공급 방향을 나타낸다. 사층리의 경사 방향이 ㉠ 방향이므로 B 퇴적 당시 퇴적물은 대체로 ㉠ 방향으로 공급되었다.

3 속성 작용

문제분석 속성 작용은 퇴적물이 쌓여 퇴적암이 되기까지의 전체 과정으로, 다짐 작용과 교결 작용이 있다. 다짐 작용은 퇴적물이 쌓이면서 아랫부분의 퇴적물이 윗부분에 쌓인 퇴적물의 무게에 의해 치밀하게 다져지는 작용이며, 이 작용을 받는 과정에서 퇴적물의 공극 크기가 작아진다. 교결 작용은 공극에 석회질 물질, 규질 물질 등이 침전되어 퇴적 입자를 단단하게 붙게 하는 작용이다.

정답찾기

ㄴ. (나)→(다) 과정에서 공극에 교결 물질이 침전되었으며 (나)→(다) 과정에서 퇴적물의 평균 밀도가 증가하였다.

오답피하기

ㄱ. (가)→(나) 과정에서 공극 크기가 작아졌으나 공극에 교결 물질이 침전되지 않았다. 따라서 (가)→(나) 과정에서 다짐 작용이 교결 작용보다 활발하게 일어났다.

ㄷ. (다)→(라) 과정에서 B 광물과 C 광물이 용해되어 새로운 공극이 만들어졌으나 A 광물에는 새로운 공극이 만들어지지 않았다. 따라서 A, B, C 광물 중 지하수에 대한 용해도는 A가 가장 작다.

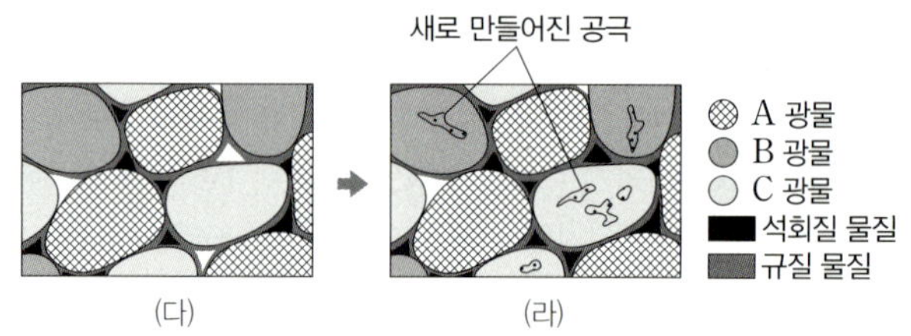

4 뇌우

문제분석 뇌우는 강한 상승 기류에 의해 적란운이 발달하면서 천둥, 번개와 함께 소나기가 내리는 현상이다. 뇌우는 (가) 적운 단계 → (나) 성숙 단계 → (다) 소멸 단계의 과정을 거친다.

정답찾기

ㄱ. 뇌우는 강한 상승 기류에 의해 적란운이 발달하면서 발생하므로 태풍에 동반되어 발생하기도 한다.

ㄷ. 적운 단계에서는 강수 현상이 거의 나타나지 않으며, 주로 성숙 단계에서 천둥과 번개를 동반한 강한 비가 내린다. 따라서 단위 시간당 강수량은 (나)일 때가 (가)일 때보다 많다.

오답피하기

ㄴ. 천둥과 번개는 주로 소멸 단계보다 성숙 단계에서 발생할 가능성이 높다.

5 수온 염분도

문제분석 수온 염분도는 해수의 특성을 나타내는 그래프로, 수온(Temperature)과 염분(Salinity)의 첫 글자를 따서 T–S도라고도 한다. 수온 염분도를 이용하면 해수의 밀도와 수괴의 특성을 알아낼 수 있다.

ㄱ. 염분이 높을수록 해수의 밀도는 커지며, A 방향으로 갈수록 밀도가 커진다. 따라서 염분은 A 방향으로 갈수록 높아진다.

ㄴ. 수온 약층은 깊이에 따라 수온이 급격하게 낮아지는 구간이다. 수심 150 m~500 m 구간에서 수온이 뚜렷하게 낮아지므로 수온 약층이 뚜렷하게 나타난다.

ㄷ. 밀도 변화는 등밀도선으로 판단한다. 수심 800 m~2000 m 구간이 수심 2000 m~5000 m 구간보다 등밀도선의 변화가 크므로 밀도 변화가 더 크다.

6 남극 대륙 주변의 표층 해류

문제분석 남극 순환 해류는 약 50°S를 중심으로 하여 40°S~65°S의 범위에서 편서풍의 영향으로 남극 대륙 주위를 서쪽에서 동쪽으로 흐른다. 또한, 이 해류는 지구를 완전히 한 바퀴 도는 유일한 해류이다. 그 까닭은 남반구의 고위도에 해류를 가로막는 육지가 없기 때문이다.

정답찾기

ㄱ. (가)의 해류는 남극 순환 해류이다. 남극 순환 해류는 편서풍의 영향으로 서쪽에서 동쪽으로 흐른다. 남극점 상공에서 내려다 보았을 때 (가)의 해류의 방향은 시계 방향이 된다.

오답피하기

ㄴ. A는 남극 대륙 주변의 웨델해이다. 웨델해에서는 밀도가 큰 해수가 만들어져 침강하는데, 겨울철에는 결빙이 일어나 해수의 염분이 높아지고, 해수의 밀도가 커진다. 따라서 A에서 해수의 침강은 남반구의 겨울철이 여름철보다 활발하다.

ㄷ. P 지점에서 측정한 월별 해수의 총수송량은 계절에 따라 뚜렷한 차이를 보이지 않으나, 대체로 6월~8월(남반구 겨울철)이 12월~2월(남반구 여름철)보다는 많다.

7 H−R도와 별의 종류

문제분석 ㉠과 ㉣은 주계열성, ㉡은 백색 왜성, ㉢은 초거성이다. P는 탄소·질소·산소 순환 반응(CNO 순환 반응)이고, Q는 양성자·양성자 반응(p−p 반응)이다.

정답찾기

ㄱ. ㉣은 분광형이 G형인 주계열성으로 질량이 태양과 비슷하고, ㉠에 비해 전체 에너지 생성량 중에서 p−p 반응에 의한 에너지 생성량 비율이 높다.

오답피하기

ㄴ. 광도 계급 Ⅲ은 거성을 나타낸다. ㉠은 주계열성이므로 광도 계급은 Ⅴ이고, ㉢은 절대 등급으로 보아 초거성이므로 광도 계급은 Ⅰ이다.

ㄷ. 단위 시간에 단위 면적당 방출하는 에너지양은 표면 온도의 네제곱에 비례하므로 ㉡이 가장 적다.

8 질량에 따른 별의 진화

문제분석 별의 진화 단계는 성운으로부터 별이 만들어질 때의 질량에 따라 달라진다. 질량이 태양 정도인 별은 행성상 성운 단계를 거쳐 최종 진화 단계인 백색 왜성이 되고, 질량이 매우 큰 별의 최종 진화 단계는 중성자별이나 블랙홀이다. 따라서 질량은 B가 A보다 크다.

ㄱ. ㉠은 백색 왜성으로 대부분 탄소로 이루어져 있다. 적색 거성 단계에서 헬륨 핵융합 반응으로 탄소핵이 만들어지는데, 별의 바깥층 물질은 우주 공간으로 방출되어 행성상 성운을 만들고 남은 중심부가 수축하여 만들어진 것이 백색 왜성이다.

오답피하기

ㄴ. ㉡은 초거성 단계로, 질량이 매우 큰 초거성의 중심부에서는 헬륨 핵융합 반응 이후에 탄소, 산소, 네온, 마그네슘, 규소 등의 핵융합이 순차적으로 일어나 철로 이루어진 핵을 생성한다. 중심부에서 핵융합 반응이 멈추면, 빠르게 중력 수축하여 초신성 폭발이 일어나고 이 과정에서 발생한 강력한 에너지에 의해 철보다 무거운 원소가 생성된다.

ㄷ. 별의 질량이 클수록 진화 속도가 빠르므로 진화 속도는 A보다 B가 빠르다.

9 급팽창 우주

문제분석 급팽창 이론(인플레이션 이론)은 우주가 탄생한 후 10^{-36}초~10^{-34}초 사이에 우주가 빛보다 빠른 속도로 팽창하였다는 이론으로, 빅뱅 우주론에서 설명할 수 없었던 여러 문제들을 해결할 수 있었다.

정답찾기

ㄷ. (나)에서는 A 시기 이전, 즉 급팽창 시기 이전에 우주의 크기가 우주의 지평선보다 작았고, 이때 우주가 전체적으로 상호 작용할 수 있었기 때문에 현재 우주가 모든 방향에서 균질할 수 있다고 설명하여 우주의 지평선 문제를 해결하였다.

오답피하기

ㄱ. (가)는 우주의 반지름이 일정하게 증가하는 것으로 보아 대폭발 우주론에 해당하고, (나)는 우주 생성 초기에 우주의 반지름이 급격히 증가하는 것으로 보아 급팽창 이론에 해당한다.

ㄴ. (나)에서 A는 급팽창 시기에 해당하며, 이 시기에 우주는 빛보다 빠른 속도로 팽창하였다.

10 외계 생명체 탐사

문제분석 이 외계 행성계에서 생명 가능 지대 안쪽 경계와 바깥쪽 경계의 가운데 지점인 생명 가능 지대 중심에서 생명 가능 지대 안쪽 경계 또는 바깥쪽 경계까지의 거리가 1Z이다. 따라서 생명 가능 지대 중심으로부터의 거리가 1Z보다 작은 행성은 생명 가능 지대에 위치한다.

정답찾기

ㄱ. (나)에서 ㉠은 생명 가능 지대 중심으로부터의 거리가 약 2.8Z로 생명 가능 지대에 위치하지 않으며, 생명 가능 지대 중심으로부터의 거리가 1Z보다 작은 ㉡과 ㉢은 생명 가능 지대에 위치한다. ㉠, ㉡, ㉢의 공전 궤도 반지름을 고려할 때 이 외계 행성계의 생명 가능 지대는 태양계보다 중심별로부터 더 먼 곳에 형성되어 있음을 알 수 있다. 따라서 이 외계 행성계의 중심별 광도는 태양보다 크다.

ㄴ. ㉡과 ㉢은 모두 생명 가능 지대에 포함되므로 생명 가능 지대의 폭은 ㉡과 ㉢이 서로 가장 가까울 때의 거리보다 넓다.

오답피하기

ㄷ. 생명 가능 지대의 중심으로부터 ㉡과 ㉢까지의 거리의 비는 약 3 : 1이다. 따라서 생명 가능 지대의 중심은 ㉡과 ㉢ 사이에서 ㉢에 더 가까운 지점이 될 수도 있고, ㉢과 ㉣ 사이의 지점이 될 수도 있다. ㉢

으로부터 ㉠과 ㉣까지의 거리는 모두 1.2 AU인데, 만약 생명 가능 지대의 중심이 ㉢과 ㉣ 사이에 위치한다면 생명 가능 지대 중심으로부터의 거리인 Z는 ㉣이 ㉠보다 작아야 한다. 그러나 (나)에서 Z는 ㉣이 ㉠보다 크므로, 생명 가능 지대의 중심은 ㉡과 ㉢ 사이에 위치한다.

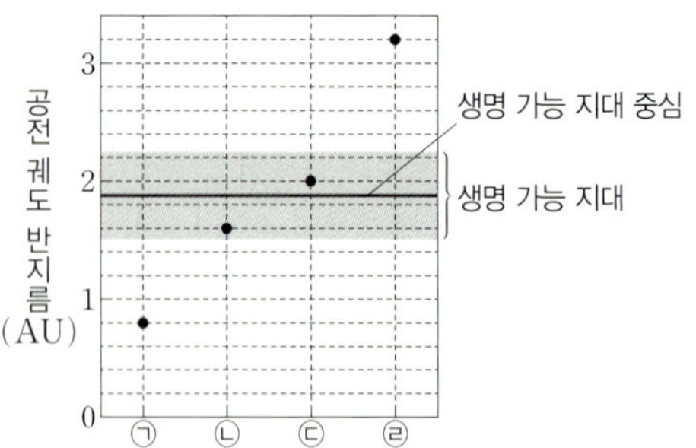

1 ①	2 ①	3 ②	4 ①
5 ①	6 ③	7 ①	8 ⑤
9 ①	10 ②		

1 대륙의 이동과 고지자기극

문제분석 지질 시대 동안 지리상 극의 위치가 변하지 않았다고 가정하면 지자기극의 겉보기 이동은 대륙 이동의 증거이다.

정답찾기

ㄱ. (가)→(나) 과정에서 대륙 A는 대륙 B와 C로 분리되었고, 대륙 B와 C는 판의 경계를 기준으로 볼 때 서로 반대 방향으로 이동했다. 따라서 대륙 B와 C 사이에는 판의 발산형 경계인 해령이 형성된다.

오답피하기

ㄴ. (나)에서 1억 년 전 고지자기극은 대륙의 분리와 이동에 의해 2개로 나타나지만, 현재 지자기 북극은 1개이다.

ㄷ. 마그마가 식어서 굳어질 때 자성 광물이 당시의 지구 자기장 방향으로 자화된다. 그 후 지구 자기장의 방향이 변해도 당시의 자성 광물의 자화 방향은 그대로 보존되는데, 이를 잔류 자기라고 한다. 현재 대륙 B와 대륙 C에서 각각 형성되는 암석의 잔류 자기 방향은 현재의 지자기극으로 수렴하기 때문에 1억 년 전의 고지자기 방향과 다르다.

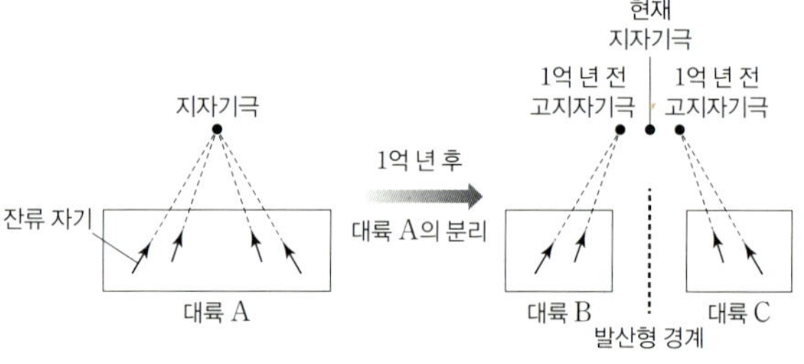

대륙의 이동과 고지자기극의 이동(예시)

2 지질 구조

문제분석 암석이나 지층이 지각 변동을 받아 변형된 구조를 지질 구조라고 한다. 단층, 습곡, 절리, 부정합 등이 대표적인 지질 구조이다.

정답찾기

ㄱ. (가)는 상반이 하반에 대해 아래쪽으로 이동하였으므로 정단층이다. 횡압력이 작용하는 경우에는 역단층, 장력이 작용하는 경우에는 정단층이 형성된다. 따라서 (가)는 장력에 의해 형성된 정단층이다.

오답피하기

ㄴ. (나)는 횡압력에 의해 지층이 휘어진 습곡 구조이다. 판의 경계 중 횡압력이 작용하는 경계는 주로 수렴형 경계이다. 따라서 (나)는 판의 수렴형 경계에서 잘 형성된다. 판의 발산형 경계에서는 정단층이 잘 형성된다.

ㄷ. (나)는 지층이 휘어진 습곡 구조이다. 단단한 지층이 깨지지 않고 휘어지기 위해서는 지표 환경보다 온도가 높고 압력이 큰 조건이 필요하므로 습곡 구조는 지표 환경에서는 잘 형성되지 않는다. (다)는 지표면으로 분출된 용암이 급격히 굳는 과정에서 부피가 수축하여 형성된 구조이므로 지표 부근에서 형성된다. 따라서 (나)는 (다)보다 대체로 지하 깊은 곳에서 형성된다.

3 지하 온도와 물질의 용융 온도

문제분석　지하의 온도가 물질의 용융 온도보다 높으면 마그마가 생성된다. 열점과 해령에서는 맨틀 물질의 상승에 따른 압력 감소에 의해 마그마가 생성되고, 섭입대 부근에서는 맨틀 물질의 용융 온도가 낮아져 마그마가 생성된다. (가)는 해령, (나)는 열점, (다)는 섭입대 부근에서 마그마가 생성될 때의 지하 온도와 물질의 용융 온도이다.

정답찾기
ㄴ. (가)는 해령, (다)는 섭입대 부근이므로 암석권의 평균 두께는 (가) 지역보다 (다) 지역이 두껍다.

오답피하기
ㄱ. (가)에서는 지표 부근의 비교적 얕은 깊이에서 마그마가 생성되고, (나)에서는 깊이 약 100 km에서 마그마가 생성된다. 따라서 마그마의 생성 깊이는 (가) 지역이 (나) 지역보다 얕다.
ㄷ. (다)는 섭입대 부근의 지하 온도와 물질의 용융 온도이므로 (다) 지역의 하부에서는 뜨거운 플룸이 상승할 수 없다.

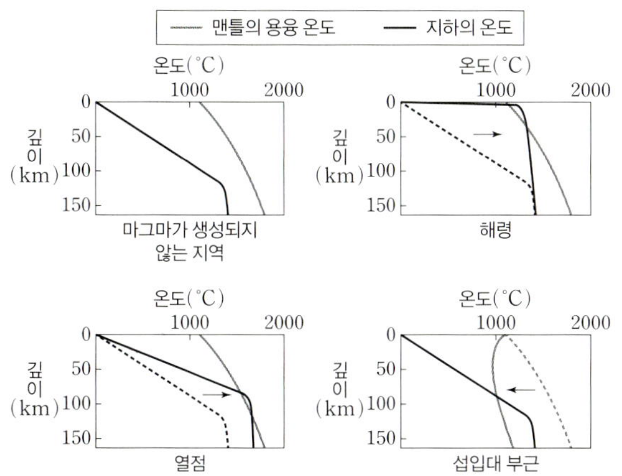

4 기단의 변질

문제분석　따뜻한 해양에서 형성된 온난한 기단이 상대적으로 차가운 바다 쪽으로 이동하면 기단의 하부가 냉각되어 안정해지는 기단의 변질이 발생한다.

정답찾기
ㄱ. 기단이 이동함에 따라 기단의 하부가 냉각되고 있기 때문에 기단은 저위도에서 고위도로 이동했음을 알 수 있다.

오답피하기
ㄴ. 기단이 이동하는 동안 기단의 하층부는 더욱 냉각되었으므로 안정한 상태로 변했다.
ㄷ. 따뜻한 해양에서 형성된 기단이 차가운 바다 위로 이동해 기단 하부가 냉각되면 기단이 안정해져서 층운형 구름이나 안개를 형성할 수 있다.

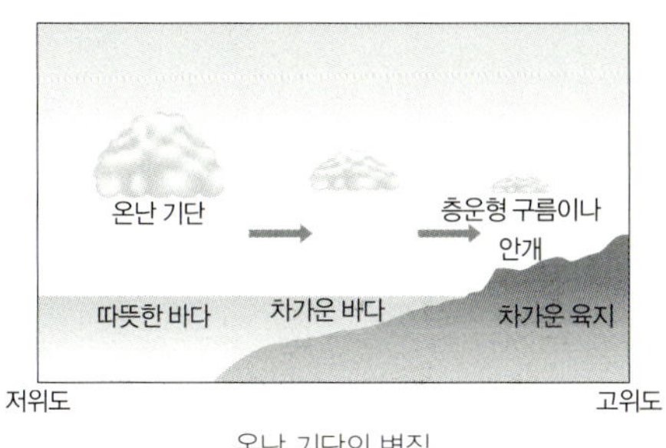

온난 기단의 변질

5 대기 대순환과 표층 해류

문제분석　대기 대순환에 의해 적도와 30°S 사이의 지표 부근에는 동풍 계열의 무역풍이, 30°S와 60°S 사이의 지표 부근에는 서풍 계열의 편서풍이, 60°S와 90°S 사이의 지표 부근에는 동풍 계열의 극동풍이 분다.

정답찾기
ㄱ. ㉠은 동풍 계열, ㉡은 서풍 계열의 바람이다.

오답피하기
ㄴ. A 해역에는 한류인 페루 해류가, B 해역에는 난류인 브라질 해류가 흐른다. 용존 산소량은 한류가 난류보다 많으므로, 수온만을 고려할 때 표층 용존 산소량은 A 해역이 B 해역보다 많다.
ㄷ. C 해역에는 남극 순환 해류가 흐른다. 남극 순환 해류는 편서풍인 ㉡의 영향으로 형성된다.

6 엘니뇨

문제분석　평상시에 비해 엘니뇨 시기에는 동태평양 적도 부근 해역에 상승 기류가 나타나서 강수량이 증가한다. (가)는 엘니뇨 시기이고, (나)는 평상시이다.

정답찾기
ㄱ. 엘니뇨 시기에는 동태평양 적도 부근 해역의 표층 수온이 높아지므로, 엘니뇨가 발생한 시기는 (가)이다.
ㄴ. A 해역에서 무역풍의 세기는 엘니뇨 시기인 (가)보다 평상시인 (나) 시기에 더 강하다.

오답피하기
ㄷ. 동태평양 적도 부근 해역인 A에서 강수량은 표층 수온이 높아 상승 기류가 나타나는 엘니뇨 시기에 더 많다.

7 별의 물리량

문제분석　별의 광도가 클수록 절대 등급이 작다.
정답찾기
ㄱ. 별의 반지름과 표면 온도가 각각 R, T라고 할 때, 별의 광도(L)는 $L \propto R^2 \cdot T^4$의 관계이므로 $R \propto \sqrt{\dfrac{L}{T^4}}$이다. B는 절대 등급이 0등급으로 절대 등급이 5등급인 A보다 광도가 100배 크다. B의 표면 온도는 A의 표면 온도의 2배이다. 따라서 A의 반지름에 대한 B의 반지름은 $\sqrt{\dfrac{100}{2^4}} = 2.5$이다. 따라서 ㉠은 2.5이다. C의 표면 온도는 A의 표면 온도의 0.5배이며 C의 반지름은 A의 반지름의 4배이므로 A의 광도에 대한 C의 광도는 $4^2 \times 0.5^4 = 1$이다. 그러므로 A와 C의 광도는 같고 C의 절대 등급은 5등급이다. 따라서 ㉡은 5이며, ㉠+㉡은 7.5이다.

오답피하기
ㄴ. 별이 최대 복사 에너지를 방출하는 파장은 표면 온도에 반비례하고, 별의 표면 온도가 높을수록 색지수가 작다. 따라서 색지수가 가장 큰 별은 최대 복사 에너지를 방출하는 파장이 가장 긴 C이다.
ㄷ. 단위 시간에 단위 면적당 방출하는 에너지는 표면 온도의 네제곱에 비례한다. 그러므로 최대 복사 에너지를 방출하는 파장이 가장 짧은 B가 표면 온도가 가장 높으므로 단위 시간에 단위 면적당 방출하는 에너지가 가장 크다.

8 별의 진화

문제분석　주계열성의 중심부에서는 수소 핵융합 반응이 일어나며, 중심부의 수소가 모두 소진되면 수소 핵융합 반응이 종료되고 (초)거성 단계로 진화한다.

정답찾기

ㄱ. 주계열성의 중심부에서는 수소 핵융합 반응이 일어나므로 중심부의 수소 질량비(%)는 시간이 지남에 따라 감소한다. 따라서 (가)는 주계열 단계가 끝났을 때, (나)는 주계열 단계, (다)는 별이 주계열 단계에 도달한 직후에 해당한다. 시간 순서대로 나열하면 (다) → (나) → (가)이다.

ㄴ. (나)의 ㉠ 구간에서는 수소의 질량비(%)가 일정하다. 이는 이 구간에서 대류가 일어나 수소가 비교적 균질하게 분포하게 되었기 때문이다. 따라서 (나)의 ㉠ 구간에서 에너지는 주로 대류의 형태로 이동한다.

ㄷ. 주계열성의 중심핵에서는 수소 핵융합 반응이 일어나므로 시간이 흐를수록 수소의 질량비(%)는 감소하고, 헬륨의 질량비(%)는 증가한다. 따라서 중심핵에서 $\dfrac{\text{헬륨의 질량비}(\%)}{\text{수소의 질량비}(\%)}$ 는 (나)가 (다)보다 크다.

9 허블의 은하 분류

문제분석　(가)는 나선팔 구조가 있으므로 막대 나선 은하이고, (나)는 편평도에 따라 세분할 수 있으므로 타원 은하이다. (다)는 불규칙 은하이다.

정답찾기

ㄱ. (가)는 막대 나선 은하, (나)는 타원 은하, (다)는 불규칙 은하이므로 '규칙적인 구조가 있는가?'는 분류 기준 ㉠으로 적절하다.

오답피하기

ㄴ. 타원 은하는 다른 은하에 비해 성간 물질이 적고, 주로 나이가 많은 별들로 이루어져 있다. 따라서 은하의 질량에 대한 성간 물질의 질량비는 막대 나선 은하인 (가)가 타원 은하인 (나)보다 크다.

ㄷ. 타원 은하는 주로 나이가 많은 붉은색 별들로 이루어져 있고, 불규칙 은하는 상대적으로 나이가 적은 파란색 별들로 이루어져 있다. 따라서 은하의 색은 타원 은하인 (나)가 불규칙 은하인 (다)보다 붉게 보인다.

10 우주의 역사

문제분석　대폭발 우주론에 따르면 우주가 팽창함에 따라 우주의 평균 온도는 점차 낮아졌다.

정답찾기

ㄴ. 빅뱅 후 약 3분이 되었을 때 양성자와 중성자로부터 헬륨 원자핵이 생성되었고, 우주의 나이가 약 38만 년이 되었을 때 수소 원자와 헬륨 원자가 생성되었다. 이때 생성된 수소와 헬륨 원자의 질량비가 약 3 : 1이었으며, 이후 현재까지 이 비율이 거의 유지되고 있다. (나) 이후 별 내부에서 수소 핵융합 반응에 의해 생성된 헬륨의 양은 우주 전체에 존재하는 헬륨의 양에 비해 상대적으로 매우 적기 때문에 (나) 시기의 비율이 현재까지 거의 유지된다고 할 수 있다.

오답피하기

ㄱ. 초기의 우주는 매우 뜨거운 상태였기 때문에 전자와 양성자가 분리된 상태로 뒤섞여 있어서 빛이 자유롭게 진행할 수 없었다. 이때에는 빛이 물질로부터 분리될 수 없었으므로 우주 배경 복사는 형성되지 않았다. 이후 원자가 생성되는 (나) 시기의 시작 무렵부터 빛이 직진하면서 우주 배경 복사가 방출되었다. 이때는 빅뱅이 있고 난 뒤 약 38만 년이 경과한 후이고 이때 방출된 우주 배경 복사는 3000 K 정도의 물체가 방출하는 빛으로 가시광선 영역의 빛이 우세했다.

ㄷ. 우주 배경 복사가 형성된 이후 우주의 팽창으로 우주의 온도가 계속 낮아졌다. 따라서 (나) 시기보다 (다) 시기에 우주 배경 복사의 온도가 낮았다.